自我实现心理学

赵育娴 —— 著

台海出版社

图书在版编目（CIP）数据

自我实现心理学 / 赵育娴著 . -- 北京 : 台海出版社 , 2024.7. -- ISBN 978-7-5168-3904-1

Ⅰ . B84-49

中国国家版本馆 CIP 数据核字第 2024Q686H2 号

自我实现心理学

著　　者：赵育娴

责任编辑：赵旭雯　　　　　　封面设计：永有熊

出版发行：台海出版社
地　　址：北京市东城区景山东街 20 号　邮政编码：100009
电　　话：010-64041652（发行，邮购）
传　　真：010-84045799（总编室）
网　　址：www.taimeng.org.cn/thcbs/default.htm
E-mail：thcbs@126.com

经　　销：全国各地新华书店
印　　刷：三河市嘉科万达彩色印刷有限公司
本书如有破损、缺页、装订错误，请与本社联系调换

开　　本：880 毫米 ×1230 毫米　　1/32
字　　数：140 千字　　　　　　　印　　张：8.25
版　　次：2024 年 7 月第 1 版　　印　　次：2024 年 7 月第 1 次印刷
书　　号：ISBN 978-7-5168-3904-1

定　　价：69.80 元

版权所有　　翻印必究

序 言

在无尽的宇宙中，每一个生命都是一颗璀璨的星辰，而你，正是那颗独特、耀眼的星。

生命，是一场自我实现的修行。它既有波澜壮阔的旅程，也有宁静如水的瞬间。然而，这一切的变迁与流转，都掌握在你的手中。你，是这场修行的主角，是命运的编织者。

翻开这本书，如同打开一扇通往内心世界的门。在这里，你将学会如何打开觉知，全然地接纳自己，无论是光明还是阴暗。因为你知道，只有接纳完整的自己，才能释放出内在最真实、最强大的力量。

在自我实现的道路上，你将遇见各种关系，它们如同镜子，映照出你内心的渴望与恐惧。但请记住，所有的关系都是自我关系的投射。当你理清自我关系，真正认识并爱上自己时，你会发现，那些曾经困扰你的关系，都将变得和谐而美好。

同时，你也将学会如何与金钱、与健康、与自我实现和谐共处。你会明白，金钱并非万能的，但它可以是你实现梦想的助力；健康并非遥不可及，只要你愿意与身体对话，倾听它的声音；而自我实现，则是每个人内心深处最真挚的追求。

最终，当你踏上自我实现的巅峰，你会发现，你不仅是美好本身，更是自己命运的主宰。你将拥有无尽的智慧与力量，去创造你想要的世界，去成为你想成为的自己。

愿这本书能成为你自我实现道路上的明灯，指引你前行。愿你在其中找到答案，找到力量，找到真正的自我。

前言

你是否正沉浸于低落的情绪中，心中满是质疑与迷茫？你是否曾在一段关系中遭受误解、疏远，甚至背叛，再也不敢走入深度关系中？你是否经常为金钱而焦虑不安？你是否一直努力工作，心里却依旧觉得空虚，毫无价值？你是否深陷痛苦，努力挣扎，却找不到出路？你是否努力寻找着自己的目标与意义，却总在徘徊与犹豫中浪费时间？你是否经常被负面情绪所困扰？你是否经常感到焦虑、愤怒、悲伤？……

在经历了近20年的心理学实践教学以及成千上万的个案咨询后，我对人的成长的心理过程有了很多心得体会，于是我潜心把这些内容记录下来，结集成书。这是一本具有实践性和体验性的心理学读物。我希望读过这本书的每一个人都能在这场仅有一次的人生旅途中发现真实的自己，爱上真实的自己，在爱自己和世界的过程中享受生命、享受一切。

在现实中，我们总会不小心陷入困境，诸如，出现人际交往、金钱困扰、身体健康等方面的问题，并且可能在其中陷入焦虑、抑郁等情绪当中。我希望能用这些年积累的经验帮助你走出困境，更加专注于自己的人生。

在生命的旅途中，我们逐渐披上了成熟的外衣，却也承载了更多的思虑。我们时常小心翼翼地斟酌言辞，生怕无意间的话语会刺痛他人的心；我们深情地牵挂，担忧着家人的笑颜与孩子的幸福，这份深情厚意无可挑剔。然而，在这份无私的关怀之中，我们往往会在不经意间遗忘了自我，忘记停下脚步，温柔地询问自己："我是否也在这纷繁复杂的世界里，找到了自己的快乐与安宁？"

在生活中，我们习惯扮演那个默默付出的角色，即便心中偶有委屈，也总以"他们开心就好"作为自我安慰的借口。亲爱的，请你在关爱他人的同时，也不要忘记给予自己一份同样的关怀与温柔，问问自己："我是否真的快乐？"这样的自省，不仅是对自我的尊重与爱护，更是智慧地把握自己人生航向的重要一步。因为，只有当我们自己内心丰盈、快乐洋溢时，我们才能更好地照亮他人。

当我们认识到生命的层次和高度，理解了关系的真谛，我们便能逐渐明确自己的行为边界，从而迎来自我实现的觉醒。这种觉醒，就像一束照亮前路的明灯，让我们在茫茫人海中，找到属于自己的道路。

人际关系作为生命旅程中不可或缺的一环，更是生命能量的集散地。要驾驭这份复杂而微妙的力量，我们需要能够洞悉关系的基石，即自我诚实。

自我诚实，是构筑一切健康关系的起点。它要求我们以一颗坦诚无欺的心面对自己，勇于揭露内心的真实面貌，无论是喜悦还是忧伤，都不加掩饰。拥有稳定而积极的情绪状态，成为自己情绪的主人，我们才能以更加饱满的情绪和真诚的态度去对待他人。

我们要谨记，对于能够赋予我们力量的关系，可以好好发展下去，而对于想要斩断我们翅膀的关系，我们需要对自己负起责任，拉自己一把，让自己飞出这段关系。最美的关系并不是束缚，而是成就彼此，看着彼此走向人生的最高峰，看着彼此走向圆满。

如果你也怀揣着对财富的向往与追求，本书将是你人生旅途中一位不可或缺的伙伴。金钱是保证我们美好生活的基础，对一个人来讲，拥有财富是非常正常的想法。有人觉得喜欢金钱是非常庸俗的事情，其实并不是这样的，我们需要摒弃对金钱的偏见与刻板印象，超越内心对金钱的"隐形枷锁"，学会以平和之心驾驭这份渴望。当你能够以积极、健康的心态去追寻财富时，你不仅能够激发自身潜能，更能在不经意间吸引更多的财富与机遇。记住，真正的富有，不仅仅是物质上的充裕，更是心灵深处那份因自我实现而生发的满足与喜悦。

身体，作为生命的基石，是我们通往幸福与成功的起点。生命旅程的第一步，始于自我接纳——全然地、无条件地拥抱我们的身体。我们应当以温柔的目光审视自己，用爱的甘霖滋养每一寸肌肤。当这份深切的自我爱戴生根发芽，我们的身体自然而然地会调整至最佳状态，病痛与不适便在爱的光芒下悄然退散。

进一步地，我们学会与身体进行一场场静谧而深刻的对话，倾听它细微地呼吸，感受它无声地诉说，洞悉它深层的渴望与需求。通过建立这样一种深刻而亲密的联系，我们不仅能够更好地理解自己，而且身体也被赋予信任与尊重，会在爱与关怀的滋养下，绽放出前所未有的生命光彩。

当这一系列的自我关怀与成长达到了一种和谐共生的自洽状态时，我们已站在了新的人生高度，眼前展开的是通往更高境界的道路——自我实现。这不仅是个人潜能的极致挖掘，更是对生命价值的深刻诠释与追求。只要找准自己的目标，发挥我们所积累的力量，我们的爱自会牵引着我们向前。

在这个过程中,我们会越活越轻松,越活越富足,我们想要的结果也会如约而至。在整本书中,我反复提到要爱自己、接纳自己,因为自己是一切的中心。我们一定要相信,每一个自己都是人际关系的中心:你是财富的中心,你的财富为你流转;你是健康的中心,只有你才能决定你身体的健康。所以,当你爱自己,坚定于自己时,你就拥有了无穷的力量,这个力量会助你完成梦想,帮你实现所期望的一切。

自我实现之旅,其精髓深深根植于"人"这一独特而宝贵的生命体之中,恰似一粒蕴含无限生机的捷克仙豆,这颗种子,深埋于心田,蕴藏着破土而出的磅礴力量。这颗种子的力量,正是我们每个人内心深处那股未被完全唤醒的潜能。它提醒我们,每个人都有能力成为自己想成为的人,让我们珍视并呵护心中的那颗"希望之种"。相信终有一天,它会带领我们走向自我实现,在人生的旅途中绽放出耀眼的光芒,最终活出不受外界定义、纯粹而璀璨的自己,让我们的生命之花在自我实现的阳光下,绽放出耀眼的光彩。

目 录
CONTENTS

第一章 生命是一场自我实现之旅

第一节　更高的生命层次：看看活在生命的哪个层次里 / 002

第二节　三性合一的生命高度：看重什么，就活出什么 / 012

第三节　你是你自己：所有的关系都是自我关系的投射 / 025

第四节　边界：自我界限决定了对真我的爱 / 037

第五节　改变的前提：达到自我实现的觉醒 / 049

目 录
CONTENTS

第二章 自问：我和关系的关系好吗

第一节　问心：关系面前，我是谁 / 058

第二节　关系的本质：关系的基础是自我诚实 / 068

第三节　明确关系中的需求：看清自己所爱 / 080

第四节　关系的真相：最美的关系是成就彼此 / 090

第五节　好的关系：在任何关系中你都有选择权 / 099

目 录
CONTENTS

第三章 掌握财富密码，和金钱做朋友

第一节 匮乏的内在：你渴望变得富有吗 / 110

第二节 找到制约我们变富有的财富卡点 / 121

第三节 金钱具有流动性：吸引更多的金钱涌向你 / 132

第四节 对金钱说"是"：做自己喜欢的工作和事情 / 143

目　录
CONTENTS

第四章　获取健康的关键：保持沟通通畅

第一节　身心健康的第一步，在于接纳自己的身体 / 154

第二节　爱的显现：100 次的自我肯定换来 1 次无条件的爱 / 164

第三节　全然接纳：由内而外地接纳自己 / 173

第四节　全然绽放：我的身体值得全然的健康 / 180

第五节　身体对话：跟身体部位对话，产生深度连接 / 187

目录
CONTENTS

第五章　自我实现：做个自由且富足的人

第一节　先有坚定的内在人格，才有绽放的生命力 / 196

第二节　打破限制：发现并击碎限制性信念 / 208

第三节　目标牵引：明确成长坐标，激发自我实现追求 / 218

第四节　在内外建立起独属于自己的自然循环系统 / 228

第五节　越活越富足：轻松创造想要的结果 / 237

第一章

生命是一场自我实现之旅

  生命是一场自我实现的旅途，我们就像羽翼健硕的鸟儿，不断地飞向更高的层级，寻求生命更本真的价值，至此身心潜能得到充分发挥，岁月惬意而自在。

第一节
更高的生命层次：看看活在生命的哪个层次里

在这个世界上，每个人都是独一无二的存在。我们之所以对生命有着不同的理解和体验，就在于我们处于不同的生命层次。

一、不同的人会处于不同的生命层次

在这个世界上，每个人都是独一无二的存在。我们各自有着不同的生活方式、梦想和追求。有些人可能整日为生活中的小问题所困扰，有些人则热衷于追逐钱权名利，还有一些人，他们在寻找着更深层次的生命意义和价值。这些截然不同的生活态度和追求，源于我们对生命的不同理解和体验，当我们处于不同的生命层次的时候，对于如

第一章 ● 生命是一场自我实现之旅

何去看待一件事情,会有着不同的观点。

正所谓"横看成岭侧成峰,远近高低各不同"。在《题西林壁》这首诗中,苏轼从远处、近处、高处、低处等不同角度观察庐山面貌得到了不同的观感:有时看到的是起伏连绵的山岭,有时看到的是高耸入云的山峰。这两句诗词形象地写出了从不同的角度去看庐山,庐山就会呈现出不同的风景。同样的道理,生命在不同人的眼中也会呈现出不同的风景,是什么决定了每个人看到的风景呢?是生命层次。

这些年来,通过对生命意义和价值的思考,我认为生命是可以划分成几个层次的,这些层次分为:问题层次、事件层次、游戏层次和自然规律层次。这些层次并不是孤立存在,而是相互交织、相互影响。这些生命层次不仅决定了我们的关注点和生活重心,更在深层次上影响着我们的价值观和人生目标。下面我一一来

给大家解释：

1. 第一个层次：问题层次

问题层次其实是大多数人最容易停留的层次。在这个层次中，人们主要关注于解决问题。当一个人过多地关注外在的问题，忽视了个体内在的需求和潜力，就无法将问题与需求结合起来，从而导致在解决问题时无从下手。我们要学会直面问题，不要把问题当作问题，不要陷入由问题带来的无穷的负面情绪中，这样才不会折磨自己，才不会陷入无尽的痛苦中无法自拔。

很多人容易让自己陷入问题层次无法自拔，会觉得自己的问题很真实，无可逃避。就像当初我面临几百万元的负债，为了还钱，四处借钱，已经借到无人可借了。三家银行的人同时上门催债，我陷入了深深的恐惧和焦虑中。面对家人和朋友，我自责又内疚，在他们面前抬不起头来。对自己的前途无望，对当下又很无力，影响了身体健康，憋得出不来气。

2. 第二个层次：事件层次

在这个层次中，人们能够处理生活中的事件，不会过度纠结或消耗自己的能量。他们能够理性地看待生活中的挑战和机遇，不会让这些事情影响内在的平静和能量。

我的负债的减少是从我决定用各种方式进行清理开始的。我每天至少散步两个小时，风雨无阻、雷打不动。散步清理了很多垃圾情绪。清理一段时间后，我开始从问题层次进入事件层次，我的负债就不过是一件事情而已。此时，我去面对这件事情时，想到的就是我欠了谁的钱、欠了多少，我是否还有赚钱的能力，我开始逐一去面对。我列了详细的欠债清单，并逐一给债主打电话，向他们说明我当下的情况，承诺正在努力还账，绝不会逃避。当欠债只是一件事情而不是一个问题的时候，这件事情就会自然地向前推动，我也逐渐找回了自己。

3. 第三个层次：游戏层次

在这个层次中，人们能够以平常心态看待生活，不把事情看得太严肃，保持轻松和好玩的态度。他们更加灵活，能够看到事物的不同方面，而不是只看到问题或困难，能够更多地去体会生活中的乐趣和满足感。

当我们来到游戏层面，再往上走的时候，就会知道，地球非常有趣，我们就像一群在月球上做游戏的孩子，这是多么快乐的事情啊。这样，就会有一种游戏的状态。现在我经营着几家公司，纯粹是为了好玩，就好像是在构建一个王国。在这个世界里面有很多的国王，每个部门就像一个个独立的王国，部门主管就像国王一样拥有管理自己部门的权力。在这个过程中，大家都会不断地接触到很多新鲜的人事物，就像搭积木一样充满了可能性，非常好玩。我选择项目也好，做公司也罢，真的就是看是否好玩。我觉得真正地允许自己处于一种玩的状态的时候，就会发现做事情会非常轻松。

4. 第四个层次：自然规律层次

这是最高层次的境界。进入这个层次后，个体超越了低层次的执着和控制，转而信任并跟随自然规律的指引，不再受限于狭隘的自我观念或外部控制，会体验到一种更深层次的自由、和平。这种境界需要个体具有高度的内在平静、信任和自我觉察，才能跟随自然规律并受其引导。

当我们时刻把自己放在呼吸的背后，愿意放手让更大的真我的力量去开路，我们就会发现生活中没有什么是必须紧紧抓住的。曾经我们觉得要抓住一份安全感，要抓住一份控制，要抓住一份自己的独特性，等等。此时，都不会再处于紧紧抓住、害怕失去的状态。

我经常去世界各地旅行，无论去哪里，都非常顺利。我感觉我是被好运包围着的。

我曾经带学员去登长白山看天池，我听说那个季节去天池要么就是封山了,要么就是被云雾覆盖什么都看不到。我当时有点犹豫,但转念一想,即使被云雾遮盖,也会看到别样的风景。可是,当我和学员爬上长白山后,天空刮起了大风,天池的云雾被吹散了。我们得以看到美丽的天池风景。

生命的四个层次之间存在一种递进和发展的关系。问题层次是生命的第一个层次,处于这个阶段,生命个体主要关注外在的问题和挑战,解决这些问题可以为更高层次的发展提供必要的条件和资源。当人们从问题层次升级到事件层次时,他们开始更加关注和处理生活中的事件,这不仅包括挑战和困难,还包括机遇和成长。这种转变有助于人们积累更多的经验和资源,为更高层次的发展提供支持。游戏层次达到了一种更加灵活和开放的态度,使人们的心态更平和,这种态度不仅有助于人们更好地应对变化和挑战,还能更多地享受到生活的乐趣。自然规律层次作为最高层次的境界,处于这个层级的生命个体可以更好地认识自己,发掘内在的潜能。

不同的人有不同的经历和感知,不同的人会处于不同的生命层次。有些人可能主要停留在问题层次,关注生活中不断出现的问题和挑战;有些人可能已经发展到事件层次，能够处理生活中的事件，更加从容地面对生活的起伏；有些人可能已经达到游戏层次，能够以轻松、灵活的态度看待生活，享受其中的乐趣；有些人可能已经达到了自然规律层次，能够顺应自然规律，放下执着，与自然规律建立深厚的联结。

我有一个朋友，现在是温州一家上市公司的老板，创业时面临过几百万元的负债。那时候他身边所有能借的钱都借遍了，最后还欠了几家小贷公司的款。过年的时候，追债的人追到他的父母家讨债，面对父母、太太、朋友，他觉得自己抬不起头来。

这个月的钱还不上，下个月更大的还款压力又席卷而来。他能够感受到家人、朋友对他的指指点点。每天面对巨额的债务压力，工作又毫无进展，自我价值感被碾压到尘埃，甚至很多次他想干脆死了算了，死了就解脱了，死了就没有这么多问题了。

一个深夜，他站在阳台上向楼下眺望，思来想去觉得自己不能死，太太始终陪着自己，无尤无怨，儿子尚且年幼，父母却已年迈，自己死了，家人怎么办？他从被各种恐惧、担心、焦虑包裹的问题层次回到现实，回到事情层次。他觉得，眼前的事情，无非就是负债而已。欠债还钱，天经地义。于是，他决定面对这件事情，不再逃避。

他逐项捋清究竟欠了多少钱，欠了谁，然后列出了表单。面对欠账表单，他舒了一口气：无非就是几百万元嘛。他着手做事，研究了手上的资源后，开始推销IC电话卡，做了一段时间，慢慢有了一些回款后，他又开始做通信耗材。就这样，他做到了在事情层面上去面对，行动起来后，不到两年的时间，他不仅还清了几百万元的负债，而且实现了正向资产过千万。

我们中的一部分人可能对自己的现状不太满意，但不知道如何去改变，不由自主地陷入了精神内耗当中，影响了自己的成长和发展。这个时候，需要了解自己的生命层次。了解自己处于哪个生命层次，有助于个人更好地认识自己、发掘内在潜能。

二、了解自己所处生命层次的意义

了解自己处于哪个生命层次有利于个人的成长和发展。通过认识自己的思维模式、行为习惯和内在潜能，人们可以更好地认识自己、理解自己、发展自己。

1. 生命层次决定个体的思维模式和行为习惯

在不同生命层次中，人们对待生活的方式和态度也会不同。通过了解自己的生命层次，可以更加清晰地认识自己的价值观、信仰和行为模式，从而更好地理解自己的需求和动机。

2. 了解生命层次有助于个人发掘内在的潜能

每个生命层次都有其独特的优点和潜力，通过了解自己的生命层次，人们可以更加有针对性地发掘自己的潜能。例如，在游戏层次中，人们可以发挥创造力、灵活性和幽默感，将生活变得更加有趣；在自然规律层次中，人们可以培养内在的平静、信任和自我觉察，更好地与外界建立连接。

3. 可以帮助个人理解自己的生命意义和目的

人们通过了解自己的生命层次，可以更加深入地探索自己的内心世界，实现自己所追寻的内心的自由和平静。

总之，了解和发展自己的生命层次，认清自己想要什么，能帮助我们跳脱出眼前的限制，更加自洽，拥有更大的创造力。

打开觉知，全然敞开自己，朝向自己想要的一切。那么，生命中不想要的、不让自己感到享受的事物就会自然而然地被清理掉，让自己感到享受的事物比重会自然增加，生命就会发生翻转。这一切都是在轻松不费力的状态下自然发生和生长出来的。

> **有效练习**
>
> 每天清晨起来,原地起跳 50 下,其中有 10 下是脚后跟着地,去感受身体的细胞被彼此激荡起来的感觉。

第二节
三性合一的生命高度：看重什么，就活出什么

当一个人拥有了能让自己的精力、效率和情绪完全正循环的系统，就进入了心流状态，这个时候，人的三性合一，清楚自己想要什么，能跳出关系和信念的束缚，发挥主动性和创造性，更能在做利他的事情时感受到幸福。

一、忘我而和谐的心流状态

我的很多学员都有过这样的反馈，他们参加了灵商密码、三千面相等现场课后，再回到生活、工作中，似乎像是变了一个人。在现场课有很多清理及扬升的环节，在现场课的互动中，他们往往突破了内在小我对自己的认知，清理了头脑中的评判和拉扯，甚至有的学员可以跳脱出我

是谁的问题，来到一个更高的时间线，对生命有了更广阔的认知。当现场课结束后再次回到熟悉的工作、生活中，就会进入一种忘我的状态，似乎效率也大幅提升了，和身边人的关系也变得更加和谐。这种旺盛积极的状态就是我想和大家分享的——心流状态。

什么是心流状态？

努力，可以带来短期的收益，但难以带来持久的胜利。我觉得苦行僧式的自律生活是反人性的。一个人想要过上不内耗的富足生活，就必须拥有一个能让自己的精力、效率和情绪完全正循环的系统。这个系统就是我们所说的生命之流。

在讲生命之流之前，我们先谈谈心流。心流是由著名的积极心理学家米哈里·齐克森米哈里（Mihaly Csikszentmihalyi）提出的，他发现很多人在做自己感兴趣的事情时呈现出的是全神贯注的状态，这些人甚至忘却了时间，忘却了自己身处何地，完全沉浸于自己正在做的事情。他将这种将个人精神力完全投注到某种活动上的感觉称为心流（Flow）。比如，演奏家演奏时，作家潜心创作时，都可能会进入这种状态。这种心流状态，是一种流动的状态。

在自我实现心理学体系中,我们把心流放大,让它从一条小河流变成大江大河,整个人完全处于这种生命之流当中。它是一种跳脱出来的,有更强的全观性的状态。生命之流,就是我们一直在强调的,从线性的思维和生活状态来到一个全息生活状态当中。它是持续的、稳定的、汹涌的、升级的、全息的心流状态。

有的学员说,曾经觉得自己的工作都是一些重复性劳动,每次和领导一起开会生怕自己说错话或者做错事。在进行我的现场课学习,沉醉于心流状态后,自己自然而然地有了勇气和信心,在工作会议上敢于提出自己的观点,工作中少了很多恐惧、担心和限制,工作效率大大提高。

二、生命之流状态,具有三大典型特征

如何判断自己是否进入生命之流状态?了解生命之流状态的三大典型特征,有利于我们追求人生更高的境界。

1. 完全专注,时间消失

心流状态下,一个人的注意力会完全集中在当下做的这件事上,没有任何分心。比如当你正在思考一件事情时,朋友喊你好几遍你都没有听见,直到他戳了你一下你才回过神来,你突然发现自己思考这件事时不知不觉已经过去

2个小时了。时间的分秒流逝，在你沉浸于此的时候，仿佛停止了一样。

当人处在生命之流的状态的时候，是跳出时间线的，跳出现在和未来，跳出我是谁、我不是谁，跳出身份角色的认同，这个时候，人仿佛是在宇宙星系上看地球这个蓝色星球一样，身心处于当下的流动状态中。

你看中什么，就活出什么

2. 心脑一致，自我消失

你有没有过这样的体验，总感觉脑海中有一个自我评判的声音，挥之不去。每当你要做决策、表现自己时，它就跳出来。比如，当你遇到一个从来没有遇到过的挑战时，你就会想："不要吧，我不行啊，这可怎么办呢？"

但是，当你进入了生命之流状态后，你会从这种自我限制中跳脱出来，进入一种灵活的状态，仿佛在无限的洒脱和自由里驰骋一样。你会体验到一种"灵感来了，挡都挡不住"的感觉。

当个体进入生命之流状态后,不仅会有超常发挥,而且还会有举重若轻的感觉,这就是进入生命之流状态的表现。这时候,自我并没有消失,而是对自我有了更广阔的认知,会突然间发现原来的自我并不能代表真正的我,会突然醒悟,原来自我比自己感知到的要大多了!我们可以发现点滴的自我,也可以发现更浩瀚的自我。

3. 情绪正向,体会到强烈满足感

很多来参加我的课程的学员,常常会有这样的自我评价:"我的生活太痛苦了""我内耗状态太严重了""我快要透支了"。长期处于精神内耗状态的人会感到很累,做事情有一种力不从心的感觉。这些人虽然很努力,但是很少进入心流状态,更别提享受生命之流状态了。生命之流的体验能给我们的身心进行能量充电,让人沉浸在喜悦之中,给人带来强烈的满足感。

如果我们能够一天进入一次心流状态,或许我们生发的创造力和体验到的幸福感就足以平衡一天的负性刺激。

如果我们能够通过训练自己,进入一种积极、正向的生活模式,让自己持续地进入生命之流状态,那该是多么美好的事啊!

三、生命性决定你的生活模式

生命有三种特性，活在不同生命特性的人会有不同的生活模式。生命的三种特性分别是：动物性、人性和道德性。

很多人并不了解这三种特性，或者即使了解，也不敢直面它们，只有勇敢地面对它们，才能跳脱出外界的限制，拥有更大的创造力。

1. 第一种生命特性：动物性

动物性是对人身体的满足。

人是从动物进化而来的，不仅在身体外形上进化到与动物完全有别，在心智层面也进化到动物无法企及的高度。尽管如此，人依旧保留着动物的很多本能，比如竞争意识、主权、生存、应激反应、快感、贪婪、欲望、占有欲，这都是动物性的一面。

动物性有正向和负向两个方面。为生存而战，有很强的行动力就属于正向的方面。不讲卫生、沉浸于当下的物质满足就属于负向的方面。动物性让人有清晰的生活目标，但常常表现为不达目的誓不罢休。当自我利益与他人利益相冲突时，人会优先考虑自己。

活在动物性层次的人是被欲望驱动的，更执着于自我。

但我们每个人都生活在既定的社会框架下，既受到法律保护也要接受规则的限制，很多欲望无法得到满足，人类的动物性受到限制，这就导致一些人会因此陷入负面情绪中，常常感到愤怒、委屈、痛苦等。

2. 第二种生命特性：人性

人性是人对心理的满足。

人是社会性动物，天生具有归属于某个群体的需要。相对于活在动物性层次的人而言，活在人性层次的人，更注重与周围人的联结、互动。所以，活在这个生命层次的人，能看到自己，也能观照到别人，能呵护自己的多种社会关系，也愿意为了维护关系去平衡自我需求和他人需要。

趋利避害是人的本能，追求安全，追求好的结果，都是我们的本能。我们不要去对抗这个本能，而是要看见它、运用它、超越它，努力去做一个能够自我实现的人。

3. 第三种生命特性：道德性

道德性是人精神上的满足。

有一部分人，甚至可以说，我们人类中有很少一部分人是活在道德性这一生命层次的。活在动物性层次的人，更在意自己；活在人性层次的人，更在意关系；活在道德性层次的人，更在意整体。活在道德性层次的人能够摆脱动物性和人性的束缚，而从更长的时间线和更大的空间来看待生命本身。他们会关注人为什么而来？人又去往何方？渺小的自己与大大的世界之间有怎样的联结？自己能够为人类以及人类文明做些什么？

道德性的核心是给予，他们甚至不那么关心自己的命运，而更关心人类的命运，为了他人甘愿牺牲自己，愿意为世间带来自己的爱和温暖。很多牺牲自己救他人于水火的人，就具有崇高的道德性。

对于生活在人世间的我们这一个个生命体，最好的状态就是活出动物性、人性、道德性的三性合一。借助自己的动物性，我们能清楚自己想要什么；借助人性，我们能清楚跳出关系和信念的束缚，发挥更大的主动性和创造性；借助道德性，我们能够在做利他的事情时感受幸福。

当我们能够活出这样的状态的时候，我们就能频繁地进入生命之流的状态。而这时，生命的每一秒都那么美好，自我存在的每一分都那么有意义。

我的一个学员曾分享了自己的一段经历，因为先生不能满足她的性需求，在外出时情不自禁有了一次出轨行为。第二天，她陷入了深深的内疚中，还有一些纠结，一方面觉得自己是迫不得已，情有可原；另一方面感觉自己背叛了丈夫，是过错方。痛定思痛后，她最终向丈夫坦白了。她没有想到，她的先生非但没有选择跟她离婚，反而反思了自己的行为。从此，夫妻关系越来越好，不仅有云雨之欢，更有情感和精神的交流与支持。

这个学员对于性的需求就是很正常的动物性的一种需求，是真实而坦然的，她并没有因此压抑自己的需求，或者是用限制性的信念去评判自己的需求。这种动物性的本能促使她去寻找解决办法。当行为发生后，面对先生，她选择了坦诚交流。虽然事先想到了先生知道后会大发雷霆或者用离婚要挟等，但是她觉得既然是夫妻，真诚相待最重要。

如今，我的这位学员家庭美满，夫妻之间实现了身体的沟通、言语的沟通、情感的沟通，他们活出了内外在的通透，成了大家的榜样。每个人都有自己的生命脚本，他人的生活方式对于我们只是一份参考，但是这种动物性、人性、道德性三性合一的状态是我们每个人都可以追求和能够实现的。

四、如何活出三性合一的状态

我们每个人都既有动物性，又有人性，还有道德性，如何使得三性合一，活出有心流、有花火的生命状态，既满足自己，又利于他人，是我们每个人的追求。

1. 土壤：对本能保持觉知

觉知对应的是动物性领域。动物性即我们人格中的本我部分，包含着人的各种原始欲望，比如，性欲望、吃的欲望、安全感需要、攻击的欲望、竞争的欲望。

动物性的本能其实是缺乏觉知的，很容易出现"老子弄死你，当下就要弄死你"的冲动，这就是没有觉知的体现。我们需要在人的本能出现时，有觉知地问自己："为什么我现在要弄死对方？为什么我的竞争性的本能会出现？"这样才能避免在冲动情绪下做出不理性的行为。对于本能，就是需要有一个觉知来看清当下自己的状态。所以，在动物性中，要遵循的是"觉知原则"。

一个人要时时刻刻觉知自己，觉知自己真正想要的是什么，才可以快乐地工作和生活。如果自己热爱美食，或许成为一个美食家是很正确的职业选择；如果自己的攻击欲望很强，总想要压制对方、反驳对方，或许有潜力成为一个谈判家或者律师。

当一个人觉知到了什么是自己的最爱时，就利用自己的动物性的本能力量，去充分调动欲望的积极驱动力，大胆往前走吧。

2. 找准方向：选择和平和喜悦

对于人性这部分，永远要以和平喜悦为原则，它像是一个导航，指引人生航向。在人性的这个部分，如果一个人开始去算计，他就掉进了交易之中，进入头脑的算计的层面，这里面没有和平和喜悦。

和平是土壤，喜悦是向上的生长环境。

我有个学员因为亲子关系出现了问题来上我的课，她抱怨自己的女儿根本不听她的话。女儿读大学填报志愿的时候，她想要女儿学金融专业，但女儿偷偷填报了法律专业。于是她希望从我这里找到一些安慰和支持。我说："恭喜你，拥有一个清楚自己人生方向的女儿。你应该谢谢你的女儿，她没有因为你的阻碍而放弃自己的热爱。你应该为她高兴。"

很多人跟这个妈妈一样，他们或许根本不清楚金融专业和法律专业的区别，就听信他人的话，觉得金融专业更适合女孩子，以后能赚大钱。通过比较和算计，他们想去操控女儿的志愿，想把女儿的未来职业道路牢牢地把控在自己的手里，导致他们吵得不可开交。这个时候，已经偏离了和平和喜悦的原则，需要自我反省，自己是不是偏离了自己的航向，是不是越界了？我要做什么才能回到和平和喜悦之中呢？

3. 心动原则：找到你的花火

和平是土壤，喜悦是向上生长的环境。而生长的方向，就是心动原则：即找到你的花火，这也是道德性的追求。每个人完成自己的人生使命，其指引方向就是心动的原则。

生活中常常可以见到一些人，他们做事情专心致志到忘我，比如，沉浸在演奏中的钢琴家、醉心于实验的科学家等。这个花火就是那个不断地指引着我们朝向自己的线索。

"生命中最重要的事情，是你的想法是什么。" 有些时候我们会因为动物性、人性而陷入纠结和拉扯中，但是我们可以让自己进入心流状态，生发自己的创造力，形成乐观正向的生活模式，达到道德性的人生状态，充分绽放自己的花火！

> **· 有效练习 ·**
>
> 生命有三种特性,拥有不同生命特性的人会有不同的生活模式,复盘你的关于三种生命特性的故事,以及你将要做出的改变。

第三节
你是你自己：所有的关系都是自我关系的投射

柏拉图说："认识自己，就是最大的智慧。"认识自己，不仅是对自己性格和想法的了解，也是对自己身份的认知，是对自己和自己、自己和他人、自己和社会的关系的认同感。这一切的基础，是准确认识和处理好自己与自己的关系。

一、自我关系：所有的关系都是自我关系

所有的关系都是自我关系。梳理好自己与自己的关系，就能迎来和他人的好的关系。

1. 自我关系改变，亲子关系改变

我的一名学员，她的孩子读初一时成绩很差，初三升

学的时候，竟然考取了重点高中。孩子进步这么大，当然离不开孩子以及家人的努力，在这里我重点谈谈妈妈的做法，看看她是怎么成长和转变的。

孩子读初一时，沉迷于手机和电子游戏，打乱了作息，也不愿意跟家长沟通，成绩一落千丈。妈妈狂怒，好好的孩子怎么会这样呢？不能打，不能骂，说也不听，妈妈焦虑至极，深感绝望。

这时，妈妈想到，孩子的问题，首先是大人的问题。她决定改变自己，她对自己每天的生活做了规划，跟随我们线上课程的时间轴，每天按时听课、做作业、做呼吸法，排查清理底层能量。

经过一段时间的自我清理，她看到了自己惯性模式的问题，也懂得了孩子越是有问题、有偏差，越是需要大人爱的包容。孩子是在通过这样的方式呼唤爱。于是，她试着去理解和包容孩子，她发动全家

自我界限决定了你对真我的爱

人去发现孩子的点滴进步，并及时给予嘉许和肯定，哪怕只是一个小苗头，也会用爱的话语给予赞赏。她打电话给老师："孩子基础有点弱，我们全家都在努力，鼓励他的每一点进步，麻烦老师多费心，在学校里也能多给他一些肯定。"老师欣然答应，不断地去鼓励孩子。

当她不再以爱的名义去控制孩子、改变孩子，而是不带期待地接纳与尊重孩子时，孩子自己开始做出了改变。读初二时，孩子的成绩开始有所提升。初三时，孩子学习更加主动，并征求妈妈意见请了一对一家教，学习进步更大了，之后顺利考入当地重点高中。在高中，他学习更加如鱼得水，每个学期都捧回几张奖状。此时，孩子和妈妈早就成了无话不谈的知己，他们互相陪伴，彼此成长。

面对孩子的消极表现，这位妈妈要改变孩子，她将入手点选择为改变自我关系，取得了成功。

2. 搞清什么是自我关系

我们外在世界不够自在，是因为内在有一些受限的层面，在我的线下课程《自在丰盛》里曾经讲过，影响自在的六个方面：身体、能量、惯性、信念、行为认知、环境。

身体层次表现为身体僵硬、无法大笑，身体紧缩、害怕犯错；能量层次表现为无助无力，情绪化；惯性层次表现为无法做出行动，时机还不成熟；信念层次表现为自我否定，我不可以，我做不到，我不能；行为认知层次表现为交易型人生模型："我得……样，才可以……"；环境层次表现为因为他人，为了他人，认为人生就是这样。

什么是自我关系？

自我关系是指一个人和自己的关系。通过自我关系，人们能够了解自己的内在感受和情绪，对自己的行为和决策进行自我评价和反思。

一方面，自我关系强调个体自我表征与他人表征之间的差异性，能够帮助个体将自己与他人区分开来，产生自我—他人区分，使得个体具有将自己和他人的行为、知觉、感觉和情绪的表征区分开来的能力。另一方面，自我关系也强调个体自己表征与他人表征之间的相似性。这些相似的表征是拉近个体与他人之间关系的核心因素，表明个体对自己和对他人的整体认知是相似的，即"这个人和我很像"，这种相似进一步地使个体感知到自己和他人变得更加亲密。

二、投射：我们看到的不是他人，是自己

当我们对他人的行为不认同的时候，有没有自问，我

们自己是这样的吗？这里涉及一个很重要的心理现象：投射。"我们看到的不是他人，而是自己。"威尔·罗吉斯说。即我们在面对他人时，往往会在他们身上看到自己的影子。

1. 什么是投射

投射是指个体将自己的情感、欲望、恐惧等内在体验，通过认知的方式，赋予外部世界或他人的心理现象，如个体的人际交往、情感体验、认知过程等。

投射的理论最早可以追溯到弗洛伊德的理论体系，他认为个体投射是一种防御机制，是个体为了避免内在矛盾和焦虑，将自己的情感转移到外部世界或他人身上的一种自我保护行为。

投射的机制可以分为两种，一种是直接投射，即个体直接将自己的情感和经验赋予外部世界或他人的行为和心理状态；另一种是间接投射，即个体通过一些符号、象征物等间接地表达自己的情感和经验，比如在文学作品、音乐、艺术品中表现出来的情感。

我的一个学员分享她觉察自己内在投射卑微的一段经历。

她生完宝宝后，需要有人照顾宝宝以及打理日常家务，当时住在乡下的二姐恰好有时间，于是就请二姐来家里帮忙。一段时间后，她感觉二姐似乎不再扮演姐姐的角色，而是处于一个保姆的身份。家里买了什么水果，二姐从来都不吃。每次做完饭，都要等着其他人吃完，才去吃一点。

"我心中冒出愤怒的火焰，我也不知道这股愤怒的无名之火是从哪里来的。"这个学员说，"每次看到二姐唯唯诺诺显得很卑微的样子，我就很生气。我不愿意看到她这个样子。"突然，她意识到，引发她愤怒的并不是二姐，而是她自己，她的内在住着一个卑微的小女孩。她曾经觉得自己出生在农村，没有见识，来到大城市看到任何东西都觉得很新奇但是又充满距离感。她不喜欢这样卑微的自己，当她看到二姐卑微的样子时，实际上是看到了不接纳的自己。而事实上，二姐可能并没有这种感受。

当然，这位学员通过看见自己的投射，疗愈了内在卑微的自己，也对二姐的行为有了很大的改观。她再次见到二姐的时候，总是能够感受到那份满满的爱。

在上述案例中，这位学员由此看到了内在卑微的自己。外在世界的创造源于我们内在的因，我们看到什么，这个世界就会呈现什么。

2. 所有的关系都是自我关系的投射

实际上，"自我"与"他人"的关系从本质上来说是不存在的，因为关系的本质是自己与自己的内在关系，也就是自我关系，人只有处理好自己与自己的关系之后才能处理与其他外在的关系。

因此，所有关系都可以视为自我关系的投射。人在与他人的互动中，往往将自己的内在感受、思想和期望投射到对方身上。这种投射并不仅限于个人与他人的关系，还包括个人与自己、与环境等所有层面的关系。

当我们与他人互动时，我们往往会将自身的需求、动机和情感投射到对方身上。这种投射有时会导致我们误解对方的意图和感受，从而产生冲突和分歧。因此，在建立关系时，我们需要意识到自己的投射，并努力理解对方的真实感受和需求。此外，人们也常常将内在的恐惧、不安和期望投射到环境中去。例如，当我们面对自然灾害、宇宙现象或未知的领域时，可能会产生不安、恐惧或敬畏等情绪反应。这些感受实际上是我们内在的恐惧和期望的投射，而不是外在事物的本质。

人们总是习惯性地以为"关系"需要建立在"自我"与"他人"之间，否则，就不存在关系。而实际上，根本不存在真正的我他关系，有的只是自己和自己的关系，这是一种内部关系。因此，当你觉知到自己在某段关系上有障碍时，不要再在对方身上下功夫，而是要思考自己的需求与情感，在自己身上找原因。关注并处理自己的内在，才是真正地处理关系问题。

我的光行者课程的一名学员，她和爸爸、先生一起经营家族企业，企业运营比较混乱，为了拯救企业，在公司入不敷出时，她凭自己的人脉去借钱，跟银行借、跟朋友借、跟借贷公司借，债务越来越多，大约一个亿。那时候，她内心非常恐慌，和家人的关系也很糟糕、很冷淡。

在收听我们的线上课程时，她听到一句话：自我实现心理学不是生活中的安慰剂，而是要把它变成生活中实实在在的存在。这句话犹如一道光点亮了她的生活，她开始将课程中的所学，在生活中践行。每天做呼吸法、散步、跑步，她要求自己从负面的恐惧、担心、焦虑中转身，勇敢面对巨额债务。

很多时候，使我们陷入混乱的不是他人，不是环境，而是我们自己，那些旧有的惯性和意识，会在你毫无觉知时，限制你的人生。但是当你看到的一瞬间，一切便会土崩瓦解。她当下做了一个决定，要按照课程中所学的，坚决堵住财富黑暗能量的出入口，不再因为公司状况向外借一分钱。

当然，她的决定也遭到了父亲的质疑："你作为公司财务负责人，公司没有流动资金的时候，你都不去想办法，你这是要看着公司倒闭吗？"面对父亲的质疑，她温和而笃定地说："我会尽我所有的努力去改变现状，但是绝对不会借钱来补漏洞。"

她坚决地对生命说"是"，向小我说"不"，她的内心越来越笃定，面对巨额负债也没有了曾经的那份恐惧，这个时候，内在的力量开始回归。当很多同行都陷入了被动经营的困局中，她的公司各个项目如期开展，结算和付款方式都比她预期的更好，一年内9000多万元如期到账。

一切都是人的内在投射到外在的"相"，但因为那"外相"显得太真实，我们不知道自己所看到的世界其实是自己的内在。所以，当问题出现时，我们习惯在眼前的幻影上狠狠地下功夫、动心思、费力气，想弄明白到底问题在哪儿，但因为方向反了，没有找准靶点，导致用功用错了地方。我们理应回到自己的内在，在源头上去用功，内在改变，外相改变，否则在外相上再努力也收效甚微，只因没有触及问题的根本。

三、如何厘清自我关系

健康、财富和关系上的挑战更像是生活中的"紧急按钮",在我们最不设防的时候突然被按下,迫使我们不得不重新审视自己和生活。这些挑战虽然痛苦,但也是我们成长的催化剂,推动我们回归内心,找回那个最真实、最纯粹的自己。

1. 成为什么样的自己,是自我选择的结果

我有一名学员,30 岁之前,一直因为自己的容貌不够漂亮而活在自卑中,而现在她俨然是把自己活成了"小仙女",不仅皮肤、身材让人羡慕,而且充满活力和阳光。

她从小就长得很胖,童年、青春期、青年期都处于一种虎背熊腰的矮胖子状态,长大后她非常自卑,觉得身边人都在讨论她的胖。她曾经也通过节食、吃减肥药等方式减肥,但是反弹得更加厉害,身体健康也受到了影响。她情绪也不稳定,像个炸药包,一点就着。随着年龄的增长,她到了谈婚论嫁的年龄,可她连相亲的勇气都没有。她喜欢一个人待着,不愿意面对父母,也不敢畅想未来的人生。

来到自我实现心理学系统后,她第一次知道了还有"爱自己"这回事,她第一次听到线上课我对大家的问候语说,

"你是那么美、那么好，当然值得这个世界对你温柔以待，当然值得一切丰盛富足向你而来"。

她告诉我，第一次听到这句话的时候，浑身鸡皮疙瘩都起来了，她从来都不觉得自己美，所以听到这样真诚的问候时她是抗拒的。但是渐渐地，她也愿意开始尝试看到自己的美好。她每天跟随课程做清晨感恩冥想，做呼吸法，跟随108句自我确认语句进行自我鼓励，如今她已经坚持1000多天了。

有人问她为什么如此自律？她说，我没有刻意要自律，只是因为在一声声的自我确认中，真的看到自己越来越美好。就这样，跟随每天的早晚课，坚持运动、坚持学习、坚持分享，一切的美好都如约而至。她保持着88斤的体重，一改曾经的虎背熊腰，成了梦想中的窈窕淑女。她心情愉悦，容颜也发生了很大改变，眉眼间透着喜悦。

如果我们不断向内看，就像剥洋葱一样，把那些不真实的部分剥离，就能逐渐发现真实的美丽的自己。

2. 我们都要选择爱自己

在这个世界上，每个人都是独一无二的，拥有自己独特的思想、情感和经历。我们的每一个瞬间、每一个选择都构成了我们独特的生命轨迹。我们应该意识到，我们所拥有的一切，都得由我们自己去做选择。我们的身体、我们的声音、我们的希望、我们的梦想、我们的情绪、我们所有的感受——无论是关乎别人还是自己，我们拥有自己所有的胜利与成功、所有的失败与错误。因为我们拥有全部的自我，因此能更熟悉自己，也能更加地爱自己，并友善地对待自己的每一部分。虽然可能还有某些困惑和不了解的部分，但是只要我们友善地爱自己，就可以陪伴自己去寻求途径来解决这些困惑，同时会更多地认识自己，发现自己的每一种可能性。

当我们觉察到自己如何去看、去听、去说和去做，就能够舍掉一些不适合自己的部分，保留自己想要的部分，并能够再创造一些新的部分来取代舍掉的部分。我们拥有自己，因此能驾驭自己。

因为我是我自己，所以我是最好的。

> **有效练习**
>
> 生命中还有哪些自己"不要"的，透过这些"不要"，看到自己的"要"到底是什么。

第四节
边界：自我界限决定了对真我的爱

人人都需要边界，包括地理空间界限、心理空间界限等。有了界限，我们就能避免在权利、权益、关系等方面浪费时间和精力，而将更多的关注点放在自己热爱的事情上。

一、自我界限：帮助我们活出强大的自我

有的人会担心界限分明会显得过于冷漠，界限的本质绝不是冷漠和疏远，真正的界限充满温度、充满尊重与信任，会让人在守护自己的同时，也实现了尊重他人，使得每个人都生活得更有力量。

恰当的自我界限是爱护真我的关键。一个人拥有恰当

的自我界限，在了解、表达和维护自己的边界的过程中，可以更好地保护和照顾自己的内心世界，从而更加真诚地爱自己。

在探讨自我界限与对真我的爱的关系时，首先要明确自我界限的定义。

心理学家埃里希·弗洛伊德说："界限是我们自我保护的一种方式，也是我们成长和发展的基础。"自我界限是指个体在心理和情感上形成的自我边界，是对自己与周围世界的区分，它代表了个体对自我身份的认知，以及个体对自己与他人的边界感。这种界限的存在，让我们能够明确自己的感受、想法和需求，同时也让我们能够理解他人的感受、想法和需求。

1. 明确的自我界限有助于我们形成清晰的身份认同

明确的自我界限有助于我们形成清晰的身份认同。身份认同是一个人对自己身份的认知和确认，包括对个人身份、价值观、喜好和目标的明确认识。

这种认识可以让我们在复杂的社会环境中明确自己的定位，并为自己的行为和决策提供指导。当我们有明确的自我界限时，就能够更好地理解自己的内心世界，知道自己是谁，了解自己的特点、优点和不足之处。

明确的自我界限有助于一个人在社交场合坚守自己的价值观和喜好，避免因为外界的影响而迷失自我。当一个人能够坚守自己的价值观和喜好时，他更容易在社交中展现出自信和魅力，能够更好地应对他人，为自己赢得更多的尊重和认可。

2. 自我界限能保护我们免受他人的操控或侵犯

当一个人被他人操控或者侵犯时，会非常生气，为了夺回自己的主权，会竭力反抗或者诉诸法律。

工作中有很多"老好人"，他们积极地帮助他人跑东跑西，以至于被同事过度依赖，影响了自己的工作，这就是没有设置和维护好自我界限导致的结果。

但是，当我们对自己有清晰的认识，明确了自己的价值观、喜好和目标时，我们就能够更好地判断他人的言论和行为是否可以融入自己的系统，自己是否愿意融入他人的系统。当他人试图操控或侵犯我们的情感的时候，我们就能够采取相应的行动来保护自己。

这种自我保护的能力不仅能够确保我们的情感安全，还能够增强我们的自信心和自尊心。当我们相信自己，坚守自己的自我界限时，我们就更容易在人际交往中保持独立和自主，不受他人的影响和控制。

3. 清晰的自我界限能使我们做出正确决策，不受他人影响

清晰的自我界限能够让我们更好地做出正确的决策，而不是盲目地跟随他人或受外部环境的影响，违背自己的意愿。这种能力对于个人的成长和发展至关重要。

在复杂多变的社会环境中，我们经常面临各种选择和决策。正确的决策能让我们更好地实现目标，并在这个过程中保持独立和自主。

小婴儿的自我界限非常清晰和敏感，你去跟他打招呼，他不一定会搭理你，他会面无表情地上下打量你。如果他觉得你很好玩或者很友善，就会跟你互动；如果他感觉不安全或者不舒服，他就会马上转头或者哭闹。

我记得我曾经在大理青庐见到赵青老师的二儿子，当时他只有三个月大。小孩子很好玩也很乖巧，他妈妈把他递过来给我抱抱。我没有马上抱过来，而是向他移动了一下身体，问他："我可以抱你吗？"他本来面无表情地看着我，看着看着突然就笑了。我知道我可以抱他，我就轻轻地抚摸了一下他的手，说："我好喜欢你啊。"过了一会儿，他的表情又变严肃了。他妈妈说他今天有点困，可能该睡觉了。我知道，他虽然接受我，但是现在不是最佳

时机，我就用脸在他的手上蹭一蹭，告诉他我很爱他。

在接触小男孩的整个过程中，我竭力尊重界限。

当我们自己非常注重界限与人交往时，不会随意越界，别人当然也不会轻易越界，这样，界限清晰，彼此不越界，做事情就会没有拉扯。

4. 自我界限有助于我们活出真我

真我指的是我们内在的真实、纯净的自我，是我们最深处的感受和需求。当我们能够清晰地认识并尊重自我界限时，我们能真正地听见真我的声音，理解真我的需求，从而给予真我更多的爱。

心理学家亨利·温克勒说："界限是你为自己画的边界，让你在世界上感到安全和尊重。"我们应该更清晰地知道自己想要什么、不想要什么；活出本自具足的状态，不断升级，内在清明，在信守承诺中，实现自洽。在明确的自我界限中，我们更能接纳自己的不完美和脆弱，更能专注于自己的成长，减少社会性的比较，增强自尊和自信。

二、如何建立和维护自我界限

你不喜欢的是什么？让你感觉不好的东西是什么？面对自己不喜欢、让自己感觉不好的人或事的时候，你是怎么做的？作家乔丹·巴尔福特说："学会说'不'，是你给自己的一份礼物。"

我们需要知道自己的界限，知道自己不要什么，勇敢说"不"。这个"不"是一种温柔的坚定，当你清楚自己不要什么，能够对别人说"不"，也不抗拒他人的反应，你就变得更加笃定。没有办法说"不"的人，总是在肯定别人的观点，在这种情况下，大家都不知道你的底线、边界在哪里，你也会因为界限模糊，力量也跟着摇摆不定。

我们应该透过"不要"，看到自己的"要"，并清晰自己的界限。对于"要"与"不要"的东西，我们应该以一种不妥协也不抗拒的态度来面对，清理掉所有"不要"中的证明和情绪，有些情绪里也有很多的愤怒。今天我们把"不要"中的情绪清理掉，然后看到自己"要"的部分。

1. 尊重动物性边界

每个人都有自己的动物性，动物性代表着我们的本能和原始能量。这种动物性的边界是我们内在力量的一种表现，可能表现为对事物的强烈欲望，对挑战的勇敢面对，对困难的顽强抵抗，等等。然而，是否允许自己释放这种能量，或者说是否愿意"拔出宝刀，横刀一挥斩断纠缠"，很大程度上取决于个人的自我认知和自我接纳程度。如果一个人能够全面、真实地看待自己，包括自己的优点、缺点、弱点和力量，那么他可能会更加坦然地面对和运用这种动物性能量。

反之，如果一个人对自己的认知存在偏差，或者对自己的某些方面感到羞耻或恐惧，那么他可能会抑制这种动物性能量的释放。这种情况下，人们可能因为要避免冲突而过于克制自己，或者过于忍让，导致自己的权益受损。

在珠珠的寝室里，有同学经常用她的化妆品，她觉得这样不好，但又不好意思拒绝，为此陷入了苦恼当中。

当界限受到侵犯时，最佳策略是什么？不妥协，允许自己释放动物性能量，直接拒绝，如有必要，吵架、辩论等都可以。

我的公司有很多不同的部门，作为老板，我从来不会干预每个部门小伙伴的工作节奏，我常常被同事们戏称为"最懂事的董事长"。我最主要的工作就是为他们的工作成果点赞、发红包。我知道在他们的部门，他们就是这个地盘的国王或者王后，他们是部门的主人，部门就是他们的边界。我尊重部门边界，让部门小伙伴有充分的自由，有利于他们发挥创造力。

因此，我们要科学地看待和接纳自己的动物性，当然，这并不是说我们可以盲目地释放自己的情绪和冲动，而是要学会在感性和理性之间找到平衡，让自己的内在能量成为推动我们前进的动力，而不是束缚我们的枷锁。

2. 明确生活中的界限

尊重自己的习惯，专注做自己责任范围内的事情，不仅可以提高个人的效率，还能让我们更加有成就感。当我们明确自己的界限时，我们就能更好地掌控自己的生活和工作，能够更加清晰地认识到自己的能力和局限性，从而做出更加明智的决策。

每个人都有自己的喜好、做事方式和节奏。如果我们能够接纳并尊重自己的习惯，我们就能够更好地发挥自己的潜力，同时也能减少不必要的压力和焦虑。

在生活中，我是一个做事很慢的人，脑回路似乎总是慢半拍，曾经我对此也很批判，也用了很多效率管理的方法来纠正自己所谓的"偏差"，也不断地给自己打鸡血，让自己热血沸腾、效率倍增，把自己搞得很疲惫。我觉得我得接受自己就是这样的性格，为了不为难自己，也不让别人有不适感，我做了一些调整：我开始放下很多不合适的工作，删减了很多在相处中拉扯的人，出去旅游再也不跟团，做事情当下只做一件，与人合作也只和彼此欣赏的人在一起……我觉得，这样生活舒服多了。

总之，明确自己的界限并尊重自己的习惯，是我们在生活中实现高效、有成就感和内心平静的关键。有明确的界限，可以使得自己专注于真正热爱和擅长的事情，我们可以更好地发挥自己的潜力，实现个人价值。

3. 建立空间上的界限

明确的空间界限有助于我们建立内在的平衡和安全感。当我们知道自己所处的空间是安全的，我们自己是受保护的，我们就可以更加自由地释放自己的能量，高效而富有创造性地去做自己的事情，而不用担心受到外界的干扰或侵犯。

每个人都有自己的私人空间，于是就有了空间界限。无论是物理空间界限还是心理空间界限都是空间界限的一部分。物理空间界限指一个人的个人空间和他能够接受身体接触的程度，例如握手、拥抱、亲吻等；心理空间界限是指我们清楚地知道自己和他人的责任和权力范围，例如想法、价值观、信念等。

比如，自我价值边界是心理空间界限里的很重要的一种，是内心深处对自己价值的认识和尊重，包括我们知道自己值得被爱、被尊重，有权利追求个人目标和幸福。自我价值边界可以帮助我们抵御外界的负面评价和压力，更加自信地做出选择。关系的界限是为他人制定的"规则"，自我价值边界则是内心对自己的"信念"。

曾经一个学员来找我做深度连接，他说，以前面对生活总是垂头丧气，跟随课程学习后，开始感受到了一些生机，但还是觉得缺乏热情。我问他，生活状态怎么样。他说他和另外两个朋友合租一套房子。我建议他要有一个属于自己的空间，为自己打造一个稳定和平的空间界限。

那次咨询后，他很快就单独租了一套一居室，虽然房屋面积小了一些，但这是独属于他自己的个人空间。他很认真地将房子布置成自己喜欢的样子，有自己独立的空间，做呼吸、做冥想、读书、烹饪美食。在这小小的空间里，他找到了大大的世界。在这期间，他学会了烘焙，不仅做给自己吃，还常常分享给朋友们吃。现在做烘焙已经成了他工作之余最放松、最快乐的时光。

所以，维护一个完整、安全的空间对于个人的能量管理和心理健康非常重要。当我们知道自己的空间界限是确定、完整的时候，就不需要再消耗能量去抗拒和防备了。无论是物理空间还是心理空间，一个完整、安全的空间有助于我们快速恢复能量，更好地发挥自己的潜力。

4. 划清金钱上的界限

金钱上的界限，是指不在头脑中评判是钱重要、情重要，还是别人的评价重要，最重要的是自己内在的完整性。

在金钱方面，我主张不借钱给任何人。如果一定要借给别人，就要做好给对方的准备。既然自己愿意付出，就不会要对方任何回报，我觉得当我付出的那一刻，就已经是在爱之中了，对我来说这件事情就已经完结了、圆满了。不过，我不会向人借钱，如果是需要借钱才能完成的事情，那我就不做了。对我来讲，这是非常明确的规矩，不会因为人情而去勉强自己。

生活中还有一种情况，比如，几个朋友合伙做生意，没有明确的责权利，创业的时候大家都很讲义气，谁多付出一点，谁少得到一点都不会计较。当生意做大了，赚钱了，纷争或者纠葛就来了，有的合伙人会在心里嘀咕不公平，甚至闹得分道扬镳。

金钱界限清晰就不会出现责权利越界的情况，更不会造成情绪和能量上的拉扯，能够确保自己和他人都不受伤害。

> **有效练习**
>
> 1. 建立和维护自我界限。
> 2. 看到生命中有哪些"不要",这些"不要"背后的情绪是什么,我选择用什么方法去清理这些情绪?

第五节
改变的前提：达到自我实现的觉醒

奥黛丽·赫本说："美丽不是衣服的外表，而是从内在发出的光辉。"自我实现的路就是回家的路，十多年间，我看到很多人渴望改变却在原地踏步，他们有的还停留在感觉层面，有的在情绪中打转，好几年都走不出来。要想打破这个僵局，彻底走出这种状态，需要觉醒的力量。

一、让自己拥有觉醒的力量

当眼前的光明里突然有了自己，自己的心中突然有了方向，这一刻，我们觉醒了。觉醒需要力量，觉醒的人是有力量的人。什么样的力量能够让一个人觉醒，什么样的力量能够让一个人在前进的路上恍然大悟呢？

1. 我们都会有不期而遇的觉醒

20 岁出头时，我在深圳创业，曾与朋友合住在深圳荔枝湖边的市政府大院里。有一天，我回去看到桌子上有本蔡志忠先生的《石磊集》，翻开的第一页上写着这样一首小诗：

倘若我是种子一粒，

我不愿是粒麦穗，粉碎了自己，仅够喂饱自家的儿女。

倘若我是种子一粒，我不愿是棵大麻，提供给人的，

只是短暂的幻象天堂。

倘若我是种子一粒，我不愿是粒罂粟，

身含毒素残害他人的子弟。

倘若我是种子一粒，我愿是颗捷克仙豆，

让我种下后迅速萌芽，让我的枝干直击苍穹，

让世人可以借由攀缘我的枝干抵达天堂。

看到这首诗的那一刻，我有一种被电击的感觉：今生，我的核心价值就是要成为一颗捷克仙豆，自己长得好好的，

还可以像钻石一样，把光折射出去，影响和带动大家。从小到大我都希望上天赐予我智慧和勇气，指引我走出迷惘，活出自己的价值。

每天有事情做不代表觉醒，每天努力也不代表觉醒，真正的觉醒是一种发自内心的渴望，立足长远，保持耐心，运用认知的力量，撷取光阴的馈赠。

2. 认识什么是觉醒的力量

第一，觉醒的力量指的是一种内在的觉知和智慧，它能够让我们看清事物的真相，不要等到未来，也不要一直处在未完成的状态。

第二，觉醒的力量是清晰地知道自己到底要什么。而现实中大多数人并不清楚自己到底要什么。

当你的头脑中开始有这样的思想时已经是一个好的开始了，我们要从身体、意识、能量、情绪，甚至在信念系统里面把它整合起来，达成合一的状态，才可以真正发挥觉醒力量的作用。

周国平说，我们活在这个世界上，身体是醒着的，但是那些最根本、最本质的东西常常处于一种沉睡的状态。我很赞同这句话，因为我们经常被一些社会性的东西所遮蔽，如财富、权力、名声等。我们当然可以去争取物质上的富足，但是保持精神上的清醒需要我们的生命处于觉醒状态。每个人都是一种精神的存在，每个人身上都有一个更高境界的大我，保持大我的觉醒就是保持灵魂的觉醒。

二、促进自我实现的觉醒的方法

要成为自我实现的人，就不能让思想沉睡，要真真切切地去体会当下的自己的状态、潜能、理想。

1. 及时做出反思和内省

"吾日三省吾身"，反思和内省是促进自我实现的觉醒的关键步骤。通过定期进行反思和内省，我们可以思考自己的行为、情绪和思维模式，探究自己的动机和价值观。通过分析自己的行为和决策背后的原因，我们可以更好地理解自己的内在需求和渴望。我们还可以反思自己的缺点和不足，明确自己的成长方向和目标。我们还可以深入了解自己的内心世界，发现自己的潜能和价值，从而更

好地实现自我成长和发展。

2. 设定明确的目标

设定明确且可实现的目标，并制订相应的行动计划，成长和发展就不再盲目了。目标是行为的方向，对个体有推动作用。

制定目标的时候，首先，要确保目标具体而明确，不模糊、不笼统。例如，设定一个具体的健身目标，"每周锻炼3次，每次30分钟"，而不是"我要多锻炼"。

其次，这个目标可以量化或者至少能够明确地评估。这样才能知道何时达到了目标。目标要基于当前的状况和资源，既不能过于简单也不能不切实际。具有一定的挑战性的目标能产生激励作用，但过高的目标可能导致挫败感。

最后，要给目标设置时间界限，这有助于保持对目标的聚焦感和紧迫感。

3. 寻求反馈和建议

寻求反馈和建议是一个积极的过程，可以帮助我们从不同的角度看待自己，从而更好地了解自己。这个过程有利于个体看到自己的优点和不足，促进学习和成长。通过与他人建立良好的关系，我们可以看到他人身上的亮点，看到自己想要成为的模样，通过寻求反馈、定期回顾和总结等方法，更好地促进自我实现的觉醒。我每次讲课后，都会向我的学员或者同事询问：我今天讲得怎么样？哪里讲得不够好？有哪些需要改进的？通过反馈，我懂得了如何改进和提升。同时，这样的交谈也使得我们之间的关系更加紧密。这是一个双向提升、共同进步的过程。

三、为什么要寻求改变

我常说："成功不是终点，失败不是致命的，勇往直前，永远在路上。"失败是人生路上另外一种形式的成功，看清这一点，任何人都能做到不因为失败而停滞不前，而是去追求向上的改变，期望能够通过改变过上更好的生活，实现更大的人生目标。

在成长过程中，我们会面临各种挑战，改变自己去适应新的形势可以使我们更加自信，拥有更强的生存能力，使我们的思维变得更加灵活，更易应对生活中的变和不确定性。

改变可以带来新的机会和成长，使我们的视野变得更宽广，我们的能力变得更强大。改变是生命的本质，只有通过不断地改变和成长，我们才能发挥个人的潜力和实现个人的价值。

四、自我实现的觉醒促进改变

环境无时无刻不在变,时代在裹挟着每一个人向前奔跑,只有意识到改变的重要性,刻意练习改变,我们才能在生活中做到随机应变。

自我实现的觉醒是改变的前提,因为只有当我们意识到自己的潜能和价值时,才会产生改变的动力和勇气。觉醒不仅促使我们审视自己的现状,还激发我们去追求更好的自己。自我实现的觉醒使个体更加明确自己想要改变的理由,从而更有动力去追求成长和发展;使个体更加自信和果敢,能够勇敢地迈出改变的步伐。通过不断地改变和成长,个体逐渐实现自己的目标和梦想,走向更加美好的未来。

人生最失败的事情就是,一边踌躇满志,一边又不敢做出改变。一味地在原地打转,不仅经不起生活的考验,也无法成就更好的自己。

最高级的觉醒,就是及时改变自己。

有效练习

让我们看到我们想要过怎样的生活,允许自己去连接生活的方方面面,连接自己有感觉的以及它在生命中呈现的方式,并记录下来。

我想要的……生活方式 / 体验突破 / 学习成长 / 旅游休闲 / 家庭生活 / 人际社群 / 工作事业 / 理财投资 / 身体健康……

奇迹 30,陪伴每个灵魂,成为生命的主人。

关注公众号"奇迹 30",输入关键词"生命",活出未曾遇见的自己。

第二章

自问：我和关系的关系好吗

"束缚我们成为自己的最大障碍，就是围绕在关系上的迷雾"，心理学家阿德勒曾提出，"一切烦恼皆来自人际关系"。的确，关系既能疗愈我们的内心，也能让我们陷入情绪的泥潭中。想要让关系为我们所用，就需要了解关系的基础，做到自我诚实。

第一节
问心：关系面前，我是谁

"没有人是一座孤岛，可以自全。"每个人都是社会的一部分，扮演着不同的角色，甚至在不同程度上依赖于其他人。如果我们对周遭一切产生过度的依赖和执着，对待身边的人和事的态度就会进入一种充满了交换、算计、讨好、维持的状态，我们失去了自我的力量，开始产生控制和抓取。我们要正确处理自己与身边人的关系，问问自己：我是谁？我需要什么？我能为身边的人做些什么？

一、认识自己，成为拥有高级自我的人

乔布斯曾说："如果你认真对待你的事业，你就必须认真对待你的生命。你需要找到你内心的声音，找到你的

直觉，并且随心而动。"一个人要找到自我，认清自我，才能更加真实、准确地了解和表达自己的需求，建立更和谐、更舒适的人际关系，那么，什么是自我？

心理学认为，自我是个体对自己存在状态的认知，是个体自我知觉的体系与认识自己的方式，也称自我意识或自我概念。自我可以分为低级自我和高级自我。低级自我就是"我想、我要、我喜欢"这种欲望，和"我不想、我不要、我不喜欢"这种厌恶的结合体；高级自我是指个体能够在欲望和厌恶之间进行很好的调适，从而能够决定"我想成为一个什么样的人"，也就是一个人的心理能力和性情。

当一个人处于低级自我层面时，能感受到自己的喜悦、苦难、悲伤，但也只是单纯地处于这个情绪之中，忽略了自己是自己情绪的主导，自己可以控制情绪、调节情绪。当一个人学会控制、调节自己的情绪时，就处在了高级自我的层面，能主导并利用情绪，避免陷入情绪怪圈。

二、看清自己的社会角色

角色的定义通常包含三种社会心理学要素：角色是一套社会行为模式；角色由人的社会地位和身份所决定，并非自定；角色符合社会期望（社会责任、义务等）。也就是说，角色就是与自我之外的人和事物产生的关系，与人的关系就是人际关系。

既然有角色，就有相对角色。比如，孩子角色的相对角色是父母。对于角色来说，为了适应关系，就会有"应该不应该、可以不可以、行不行"的行为判断，这些行为判断取决于自我的角色行为标准。比如，作为一个孩子，会希望自己做的事能让爸爸妈妈高兴，自己能做让爸爸妈妈满意的好孩子。对于相对角色来说，自然也会有对角色的"应该不应该、可以不可以、行不行"的行为判断，这些行为判断取决于相对角色的行为期待，对孩子来讲，属于他律。比如，爸爸妈妈期待孩子做一个听话的孩子，于是，有的孩子就用"听话"作为自己的行为标准。

人是社会性动物，社会化的进程即角色与相对角色的互动过程，也是人际关系的产生和交互过程。即便是现在的所谓的"宅男宅女"，依然通过网购、点外卖、网聊、玩游戏等方式来和外界发生着联系。所以，就算是"宅"着，也依然在进行角色互动，脱离不了人际关系。

台湾心理学家林昆辉老师把角色系统分为家庭角色系统、学校角色系统、职场角色系统、社会角色系统。不管处于哪个角色系统，都有自定义的角色行为标准跟他定义的相对角色行为期待。

比如，我的一个学员，今年 35 岁，是一家公司的经理，已婚并且有一个儿子。在家庭角色系统里，他相对于父母来说，是儿子。父母希望他能够做一个好儿子（相对角色行为期待），他也觉得自己应该做一个好儿子（角色行为标准）。以此类推，他被妻子期待做一个好丈夫，被儿子期待做一个好爸爸，他也认为自己应该做一个好丈夫，应该做一个好爸爸。在职场角色系统里，相对于员工，他是经理。员工希望他是一位好经理（相对角色行为期待），他认为为了公司应该做一个好经理（角色行为标准）。

三、搞清自我和角色的关系

在我的课程中，有一个真实的故事，有一位同学下班后开开心心地回到家，但由于没有搞清家庭成员的相对角色行为期待，导致自我角色行为标准偏离，最终搞得全家人都不高兴。

事情的经过是这样的：妻子和母亲因为孩子学习的事情发生了矛盾。母亲在他的面前告状。他对母亲说："她上了一天班，回家还要管孩子学习，怪不容易的，您多体谅体谅她。"母亲听了更生气了。在母亲面前,他本来应该扮演儿子的角色,他却用体谅妻子的话语去扮演了丈夫的角色。母子关系受到了影响。他又去对妻子说:"我妈妈每天帮着干家务、带孩子,也挺不容易的,你多体谅体谅她。"妻子听了也更生气了。在妻子面前,他本来应该扮演的是丈夫的角色,他却带着儿子的角色去和妻子说话。夫妻关系也受到了影响。他见了孩子又骂孩子:"你没有好好做作业,让奶奶、妈妈都生气了。"孩子听了不高兴了。他在孩子面前原本是爸爸的角色,可是他却扮演了老师的角色,要求孩子认真做作业,然后又扮演了儿子的角色和丈夫的角色去替奶奶和妈妈说话。父子关系也受到

参与人际关系的是角色,决定人际关系的是自我

了影响。家庭氛围很糟糕,他自己也一肚子火,用对公司员工说话的口气对父亲说了一通,父亲也生气了。由此,整个角色错位、混乱,导致家中关系一团糟。

一般情况下,独处时我们很自我,和他人共处时我们

就成了角色。如果独处时还在想着别人，那就进入了角色系统；共处时忽视他人，又陷入了自我之中。所以，独处时自我大于角色，共处时角色大于自我，才可以维持正常的角色互动，平衡人际关系，保持饱满的能量状态。

参与人际关系的是角色，决定人际关系的是自我。很多时候我们对自身的满意度就取决于角色和相对角色的和谐度。一个人对角色不满意就没办法爱自我，对角色不满意就会不接纳自我；对角色满意了就是自我与角色合二为一，就是"我爱上了自己"。

我们每一个人都有一个自我和四个角色系统，所以每一个人都有五个"我"，相对关系也有它的五个"我"。如果自己不清楚是哪个"我"和外界发生关系，就会搞错角色行为标准，辜负对方的相对角色行为期待，就可能出现人际关系冲突。无论是自我与角色的冲突，角色与角色的冲突，还是角色与相对角色的冲突，只要有冲突在，就可能产生分裂。

四、处理好角色与自我的关系

角色可以调整、规范、管理自我的欲望与好恶。在同一个场景里，一个人可能扮演多重角色，是多重角色的组合。所以，更需要处理好角色与自我的关系。

1. 认清自己所处的角色

只有我们清楚地意识到自己所处的角色系统，并且清楚自己在那个角色系统里的角色的时候，才能够按照来自自我的角色行为规范，和来自相对角色的角色行为期待去要求自己。我们就会清楚，哪些应该做，哪些不应该做，哪些可以做，哪些不可以做。也就是我们懂得了"在什么场合做什么事情"，而不会把职场角色带回家，也不会把家庭角色带到学校。既不可以在该用角色面对相对角色的时候，只满足自我，目中无人，也不可以完全陷入角色而忽视自我。

那么我们再换一个角度来看上述案例故事：

如果母亲告妻子状的时候，这位同学私下对母亲说："妈我知道了，是她的不对，回头我说说她。"私下对妻子说："你辛苦了，回头我跟妈妈说说。"私下对孩子说："儿子，跟爸爸说说妈妈和奶奶是怎么说你的。"然后，他一个人在书房里抽一根烟，听一会儿音乐，放松一下。矛盾自然烟消云散，关系一片和谐。因为他做到了在妈妈面前自我与儿子角色、在妻子面前自我与丈夫角色、在儿子面前自我与爸爸角色的合二为一。当自我角色与相对角色和谐对应的时候，人际关系自然如鱼得水。

2. 解决自我与角色、相对角色的冲突

现实生活中的自我与角色、角色与相对角色的冲突非常大，尤其是自我与角色的冲突，很难达到自我、自我角色、相对角色的和谐。所以，人际关系往往发生危机，甚至有很多人想逃离人际关系。

比如，现在有很多孩子沉迷于电子游戏和短视频。尤其是孩子在家上网课，比较容易拿到电子设备。比如，手机。玩手机是满足他的自我需求——我喜欢玩手机。学习是满足学生角色和相对角色的需求——作为学生应该好好学习。可是"我喜欢玩手机，不想学习"，就是说他喜欢玩手机但是不应该玩，不喜欢学习但是应该学。在这种情况下，就发生了冲突，孩子喜欢的不应该、应该的不喜欢，这是自我与角色的自定义行为标准、相对角色的他定义行为期待的冲突。

我们可以用一个生动的例子了解这三个关系，想象一下，自我是人生的编导，负责创造脚本，自我清楚自己为什么要创造这个脚本，这个脚本中自己想体验的部分，以及对于这个部分的领悟；角色是体验者，负责分享角色及面对自己的束缚，以及自己想活成的状态；相对角色是观影者、观照者，负责共振自己的感受和状态，还有启发。

可以说，编导创造的脚本是自己喜欢做的，角色是做这件事情的自己，相对角色对角色的期待是编导应该做的。

通常情况下，人们面对自我与角色、相对角色的冲突一般有五种应对办法。我们就以喜欢玩手机但是应该学习来举例：

（1）满足自我，与角色冲突

第一种办法是做我喜欢的，应该做的我不去做。这是一种满足自我，跟角色冲突的办法。

（2）满足自我，应付角色

第二种办法是我喜欢的偷偷做，应该做的应付着做。这就像有些学生，在学习时人在心不在。把学习当作家长的事、老师的事，对自己来讲就是应付差事。

（3）满足自我，放弃角色

第三种办法是为了满足我的喜欢，想办法把应该做的变成不应该做的。比如，学生选择失学、退学或者是请病假不去学校。这个时候失学、退学或者是请病假，躲在家里，他就暂时失去了学生角色，也失去了学生角色对应的行为规范，就把应该上学变成了不应该上学。

（4）调适自我，满足角色

第四种办法是为了适应角色，把喜欢的变成不喜欢的，把应该的变成喜欢的，去做喜欢且应该做的。比如，作为一名学生，他知道应该上学，应该做一个好学生，然后他的自我角色也喜欢上学。他知道应该学习，他也喜欢学习，这个时候自我和学生角色合二为一，和谐相处，皆大欢喜。

（5）选择角色，满足自我

第五种方法是当自我与角色发生冲突的时候，选择角色来满足自我。这种方法需要有足够的能力支撑，有充足的选择权才能做到。比如，马云就可以选择做一名乡村教师来圆他的教育梦想。一个职业能力非常强的人，就可以选择自己喜欢又擅长的工作去干。

很显然，对于普通人来讲，第四种办法调适自我，满足角色是处理角色与自我的冲突的最合理方法。

• 有效练习 •

问问自己"我是谁"，找到自己的不同生命角色，看到生命的三重视角。

第二节
关系的本质：关系的基础是自我诚实

关系是一面镜子，关系越紧密，镜子中反映出来的自己也越真实。关系的本质是自我诚实。自我诚实不仅是建立健康关系的基础，更是维护和发展关系的关键。

一、自我诚实是关系的基础

演员威尔·史密斯说："自我诚实是我成长的关键。"一个人之所以能以诚实的态度面对自己，在于他内心的信任，他对自己、对他人都充满了信任，自然而然也就赢得了他人的信任和关注。

1. 有利于真诚表达，构建深层次关系

自我诚实能让我们去真诚地表达，而真诚地表达是构

建深层次关系的关键因素。

流行音乐女王麦当娜是一个十分诚实的人，她在采访和自传中毫不避讳地讨论自己的婚姻和恋爱关系，这份诚实使她与粉丝建立起了稳定的关系，也赢得了同行的尊重。

人与人之间可以通过真诚地分享想法、感受和需求，增进彼此的理解，建立更深层次的连接。当我们真诚地表达自己的想法、感受和需求时，我们实际上是在向对方敞开一扇窗，向他们袒露我们的内心世界。这种直接的方式有助于彼此之间消除误解和猜测，使得双方能够更准确地把握彼此的情感状态、期望的方向。当我们敢于展现真实的自我，不再隐藏或掩饰时，对方就能够感受到我们的坦诚，也愿意同我们建立一种更为真实、深刻的关系。这种关系不是表面的寒暄和客套，而是蕴含更深刻的理解与支持。

2. 有利于面对自己，构建深层次关系

了解并面对自己，是构建深层次关系的前提。

人的本能非常擅长"合理化"，有很多时候我们在做出某个决定后，会不断地将自己的决定"合理化"；当我们出现了某种失误的时候也会找理由为自己开脱，使我们在心理上得到安慰。这样的行为方式非常影响我们看清自

我，以及与他人相处。

面对自己，需要我们接受真实的自我，能够展现出真实的自己，敢于直面自己的不完美。这种认识能够帮助我们宽容和理解他人，有利于关系更加健康和稳固。

很多人都看过《欢乐颂》这部剧，其中的曲筱绡是一位聪明、活泼、直率的女性，她清楚地知道自己要什么，也知道自己的优点和缺点，她从来不会隐藏自己的野心和欲望，总是勇敢地去追寻，成就了一个无坚不摧的"大女孩"形象。她交到了许多朋友，也获得了事业上的成功。

二、自我诚实对关系的影响

即使伤害到了对方，只要做到诚实，对方也会选择原谅。即使很小的事情，选择隐瞒，也会失去对方的信任，影响关系。

1. 自我诚实，让彼此间更信任

通过自我诚实，我们向对方展示自己的真实内心，对方感受到我们的用心与诚意，自然而然就靠拢过来了。因为真诚，彼此之间的沟通更加坦诚与自然；因为真诚，更容易赢得对方的信任；因为信任，从而建立更加稳固的关系。

2. 自我诚实，更容易揭示关系中的问题

当双方都展现出真诚和诚实时，关系中的问题更容易被揭示出来，从而更容易找到解决方案。当我们足够自我诚实时，能够更直接地揭示出所存在的问题，对方也能直接意识到问题的存在，不容易发生误解。这种直接的沟通有助于双方更快地聚焦于问题本身，而不会陷入无意义的猜测或揣测。

自我诚实鼓励双方共同面对问题。当一方展现出真实的想法和感受时，另一方更有可能感受到问题的严重性，并愿意共同寻找解决方案。这种合作的态度有助于双方更好地集思广益，共同找到最佳的解决方案。

自我诚实也有助于建立一种开放和透明的沟通氛围。在这样的氛围中，双方都能够自由地表达观点、建议和担忧，从而更全面地了解事实，并找到更全面的解决方案。

有的情侣在相处中，不愿意直接表达自己的需求，于是，经常冷战，使得恋情发展陷入僵局。如果可以有一次坦诚的对话，理解对方的立场和需求，恋情发展就能很顺利。

3. 自我诚实，让我们更好地认识自己

面对真实的自己是实现个人成长的第一步。当我们能

够直面自己内心的恐惧与不足的时候，我们就在进步的路上迈出了一大步，我们将导致内心恐惧的事情与不足深挖出来，并剖析产生这些问题的原因，一步步去改进、一点点去完善，一切都向好的方向去发展。

有学员曾讲述过隐瞒和诚实的不同能量，以及会给家庭关系带来什么样的转变。这个学员是家庭主妇，有一次她参与了一个网络投资项目，希望可以增加家庭收入，动用了家庭十几万元的存款后，没承想全部被套进去取不出来，投资的平台一夜之间也没了踪影。

面对这样的情况，她很慌张，几乎想尽一切办法，但是没有任何进展。她不敢告诉先生，虽然很清楚先生早晚都会知道，但还是说不出口。因为这事儿，她像热锅上的蚂蚁一样坐立难安，吃也吃不香，睡也睡不着。最后，她决定向先生坦白，就算先生骂她蠢，或者因此跟她离婚，她也认了。她觉得夫妻之间诚实最重要，如果关系中掺杂着隐瞒，实在太煎熬了。

她没有想到，先生知道后，先是有些惊讶，但是很快便理智地说："没关系，钱总是可以赚回来的，我们是夫妻，无论发生什么事情，我们一起去面对。"她听了先生的话非常感动。夫妻关系更加亲密了。

三、实现自我诚实的方法

诚实是做人的根本,能让一个人的人格闪闪发光,能为一个人赢得更多的信任和尊重。所以,每个人都要努力做一个诚实的人。

1. 保持觉知

我们的前辈们会觉得,要吃苦受难才能得到想要的一切。现在这个观点有所改变。余华老师在《活着》这本书中写道:"永远不要相信苦难是值得的,苦难就是苦难,苦难不会带来成功,苦难不值得追求,磨炼意志是因为苦难无法躲开。"现在人们的独立自主意识越来越强,这是因为人们开始跟从自己的内心去追寻快乐,当我们快乐的时候,得到的也会更多。

我的一名学员分享了自己的经历,春节期间很多亲戚朋友到她家做客,到了晚上 10 点大家还意犹未尽。这名学员感受了一下自己内心的真实状态,自己很想休息。多年来她一直保持着规律的作息,每天晚上 10 点钟就准备休息了,而亲戚朋友还没有要走的意思,这就意味着自己的生活节奏会被打乱。于是,她跟朋友们说:"如果你们还想继续玩的话,我先生可以陪伴你们一起玩,因为我先生是习惯晚睡的，但是我需要休息了。"亲戚朋友听了这话，都觉得玩了一天也有些累了，于是就此散场。

这名学员为自己勇敢的诚实表达点赞，因为如果她不诚实表达，而是压抑自己的情绪和状态，委曲求全，表面上看起来好像是维系了朋友之间的和谐氛围，但是在内心她就会对朋友们心生怨怼。当她对自己保持觉知，做到诚实表达自己的时候，其间没有压抑的情绪，也没有任何拉扯的能量，一切都是自然地流动。

如果我们可以像这名学员一样，时刻保持觉知，那么，任何时候任何事情打扰了我们，我们都会有所觉知。不管是金钱上还是关系上的，你知道这些事情的到来不是要惩罚你，或者给你带来焦虑，只是一些事情的发生而已，它们很快就会被解决掉。当我们允许自己任何时候都保持觉知，就会发现我们拥有解决一切事情的能力。

2. 尊重需求

有一种暴力沟通叫作"我为你好",看起来很诚实,但这叫作暴力沟通。很多时候我们会把情绪和诚实混淆,"你为我好",我就一定得接受吗?

我们的诚实只关乎我们自己,不关乎其他任何人。我们不能借着诚实的名义去绑架他人,例如:"我是诚实的,你就一定要接受我。""我都已经诚实了,你为什么还要这样对我?"这样的诚实本身就在抓取和索求之中,你会发现你的诚实也变成了一个交易。

我非常喜欢的一本书叫《恩宠与勇气》,它是人本心理学家——肯恩·威尔伯和他的太太崔雅共同写的著作。他太太结婚不久就被查出患有乳腺癌,他们用了五年的时间抗癌,最后崔雅还是过世了。在崔雅去世前,他们就把这五年的日记整理成了这本《恩宠与勇气》。

其中有一个章节是这样写的,因为崔雅患有乳腺癌,胸部做了切除手术。有一次肯恩·威尔伯在酒吧里面碰到了一个妓女,他就要求这个妓女给他看一下胸部。当肯恩·威尔伯看到一个浑圆、完美的胸部在他面前的时候,他忍不住就流泪了,一边抚摸一边哭泣。那一瞬间他才知道他对这个失去的部位是多么渴望和留恋。但他没和那个妓女发生性关系，而是在这个妓女身上找到了一份很深层次的，男人对女人乳房的渴望。

他回家以后告诉了崔雅，跟她分享他内心的这个过程。崔雅完全能够理解，甚至还笑他说："干吗不把该做的事情做完？"肯恩·威尔伯也笑了，他诚实地面对自己的心理需求，用五年时间陪着妻子抗癌，这个过程对任何一个人来讲都是很大的心理煎熬。

我们的诚实只关乎我们自己，与他人无关，我们要赢回的是那份没有隐藏的力量，光风霁月、光明正大的力量，我们并不能因为自己诚实了就要求对方怎么样，而是因为我们自己诚实了，生命才会赢回一份完整性。

3. 清理情绪

如果有情绪，就先清理自己的情绪。这时，我们就会发现原来自己的诚实是有深度的，这个深度来自我们对自己需求的清晰明了。例如：有时候我们是在诚实地沟通，却变成了两个人在吵架，两个人都在用情绪攻击彼此，都在表达着自己的受伤，这是一种很不成熟的诚实。这是一种发泄，而不是真正的诚实。

真正的诚实是知道世间的一切就是如此，允许自己在情绪里，知道自己能够面对自己的情绪。情绪是自己的，和对方无关。允许自己清理掉情绪，然后很成熟地和对方沟通。

如果对对方有很深的恐惧，害怕对方知道自己做的一些事情，首先要做的是原谅和宽恕自己，然后再把相关的情绪清理掉。清理以后真正地拥抱自己，接纳自己，将事实陈述给对方。如果在陈述的时候对方处于情绪之中，要非常清楚自己要的结果是什么。比如，有的沟通是为了还自己一份自由，也就是说，告诉对方事实是怎样的，自己很珍惜和对方的这份关系。我曾经遇到一件很有趣的事情，我在杭州东站下车，提着行李箱在走，路很宽，我也是一个比较有觉知的人，但我的行李箱不小心撞上了一个人的脚，她一下子就跳起来了，说："我这只脚受伤了。"这时，我才发现她把皮鞋当拖鞋一样拖着走，脚上有一块淤青，她说："我的脚受伤了，你还碰我受伤的地方。"我当时就感觉，她需要一份情绪的释放，她投注了太多的担心在脚上，投注了太多的委屈以及因为这件事情所感觉到的牺牲。在那一刻我能够理解她的脚不舒服，我马上把行李箱放下，蹲下来摸她的脚，她很害怕我碰到她痛的地方。

我说："要不要我送你回家？要不我们去医院看一下

吧？要不要我找人来背你？我真的不是故意的，但是我愿意承担责任。我真的好抱歉，让你的脚痛。看到你脚痛我也好难过。"

她说："不要。"

我说："那我们看一看你的脚吧。"

她说："也不要。"

我说："那有什么办法可以让你的脚舒服一点？"

她的眼泪都快掉下来了，很哀怨地看着我说："我的脚本来就很痛。"

我说："我知道，那我帮你揉一揉好不好？"

她说："不要揉，好痛的。"

我说："那怎么办呢？我们想点办法来让这件事情变得好一些好吗？"

她说："不要了。"

然后她瘸着走了。我看着她的背影，给她送去了祝福。

在这件事情中，我不带着情绪沟通，而且很诚实地面对她的情绪，不逃避自己的责任，也获得了她的真诚回应。很多时候我们的沟通是害怕被对方攻击，或者是很害怕出现一些我们不想要的结果，所以我们防御的臂膀就会早早地抬起来去阻止对方。

> • 有效练习 •
>
> 觉察生活中哪些方面你做到了自我诚实？

第三节
明确关系中的需求：看清自己所爱

要维持一段关系和谐发展，先要明确自己的需要，这是看清他人需要、满足他人需要的基础，更是一段关系自在发展的前提。

一、关系能够照见我们自己内在的需求

当我们跟一个人没有关系、没有给他打上一个标签"我的"时（"我的"老公、"我的"老婆、"我的"手机等），我们就可以无条件地爱对方，一旦贴上了"我的"标签，就对对方有需求了。

我们永远都是这样的，借假修真，感谢对方的贡献，让我们看到自己有这样的需求。我们期待关系能满足自己

的各种需求，如情感支持、社交认同，这都是关系能带给我们的正面影响，我们需要他人的理解和安慰，需要分享自己的喜怒哀乐，希望得到他人的认可和尊重，需要确认自己的价值。此外，实际帮助也是关系的一种需求，无论是生活上的帮助还是工作上的支持，都能够帮助人们解决问题，减轻负担。

需求得不到满足和反馈时，也会引发以下负面状态：不表达、不够好、讨好、证明、批判、争执、冷漠等。

在关系中明确自己的需求是非常重要的事情，同时，我们也要真诚地向对方表达自己的需求，而不是和对方玩猜猜猜的游戏。

我的一名学员和她的伴侣关系很好，很多人羡慕他们，我也经常看到她在朋友圈晒二人的幸福时光，谁会想到，一年前她还在怀疑自己的另一半是否对自己百分之百真心呢？

这名学员对待关系的态度有一些"洁癖"，她认为两个人关系的交融是不能有第三者的。但是她的伴侣认为爱是可以分享的，分享给越多的人，爱的层次就越丰满。所以，过去很多年，我的这名学员过生日，她的先生都会邀请很多亲朋好友一起来为她庆祝，每逢周末出门度假，她的先生都会带着孩子或者带着父母一起参与。先生以为人多热闹，欢乐和爱会更多，但是这名学员每次都很沮丧，因为她感受不到爱的纯粹。

有一次，她向先生表达了自己对爱的理解，她的先生才恍然大悟。过去很多年，先生一直在以自己理解的爱的方式，向她传递爱，但她感受到的却是爱的分离。他们双方经过真诚的沟通，解开了心结。现在，周末和节假日，他们增加了二人世界，哪怕只是一起出门吃饭、喝茶，当只有彼此的时候，他们感觉心贴得更近了。

二、看清所处关系中的个体需要

无论是爱情、亲情、友情，还是合作伙伴，抑或是社会关系，都是我们生命中不可或缺的部分。因为关系的不同，我们对他人的态度和期望也有着不同的需要。敢于正视并发现自己的需要，才能得到自己真正想要的。

1. 不同关系中的需要都有哪些？

在亲密关系中，我们需要爱人拥抱我们，需要爱人聆听我们，需要爱人陪我们去旅行，需要爱人欣赏我们、崇拜我们、哄我们、宠溺我们……我们需要爱人每天清晨用一个大大的拥抱、一个吻将我们唤醒，需要爱人早晨端着早餐，让食物的香味在鼻尖悠悠晃，用咖啡的香气将我们唤醒……这些可以统称为情感支持的需要。我们希望爱人能够为我们提供理解、支持和安慰，能够提升自己的幸福感和生活质量。

在亲人关系中，我们需要被理解，被支持，被看重，被欣赏，被引领，等等。我们希望父母家人能够永远是我们的避风港，坚定地做我们的后盾，让我们回头就能看到他们，实现自己的归属感需要，能够时刻让我们感受到轻松、放松。

在朋友的关系中，我们需要朋友帮忙拓宽眼界，带领我们去看到不同的世界，需要能够和朋友在一起畅快地喝酒，需要和朋友在一起彼此陪伴，在共同成长的时候能够彼此见证，等等。我们渴望通过和朋友们的交流相处获得社交认同，让自己能够确认自己的价值所在，避免过度地否定、内耗自己。

在事业伙伴的关系中，我们需要对方和自己有共同的方向和价值观，需要一份彼此建立的秩序感，需要彼此的启发，彼此的尊重，需要对方诚实守信，公正透明，需要双方能够彼此激发，等等。我们希望由此获得事业伙伴的信任与尊重。

2. 为什么有人不愿意直面自己的需要？

有时候我们在和别人相处的过程中不愿意亏欠别人，一旦得到别人的帮助，就觉得欠了人情，心有愧疚，立即想各种办法把人情还上，不多欠一分钟。虽然事后很心安，但是与他人的关系越来越疏离。这是由于社会所教导给我们的"不配得感"，即认为自己如此渺小、无用，所以不值得别人为自己付出，不值得寻求别人的帮助，也注定得不到别人的帮助。另外则是由于我们长期处于被指责的角色，"不知道感恩、养你这么大白养了、白眼狼"之类的话，是我们在关系中经常听到的话。

但无论是哪种原因，其关系模式的本质都是非黑即白的。想要安心，除非关系中没有亏欠，否则就一定痛苦。但是问题的关键不在于亏欠与否，而在于如何全面地理解关系中的亏欠。关系的长久连接有时就是靠"相互亏欠"而实现的。

我的线上课有一名学员分享说自己曾经是一个很"精明"的人，逢年过节，如果有朋友送了她什么礼物，她总是很快地给对方回礼，而且要回一份价值差不多的礼物。这样，双方礼尚往来两不相欠。但是这样的生活方式，有时让她感到很有压力，礼物的流动中似乎并没有任何爱的滋养。

经过在奇迹 30 线上课的学习，她意识到这是因为自己内在的配得感低，她觉得自己不值得、不配得接收他人的礼物，所以赶快还回去才会心安理得。于是她开始不断地做爱自己的功课，做提升自己配得感的功课。渐渐地，她的那份敞开的能量、喜悦的能量，总是让身边的人想要靠近她，想要送她礼物。现在，她再接收礼物的时候，都能够感受到对方传递的满满的爱，她也会自然地对他人表达感谢。当她内心有爱要流动的时候，也会自然地通过礼物、赞美、关怀等不同的方式流动给身边的人。当配得感提升后，人与人的关系没有了那份交易，一切都是在纯粹的爱的流动中。

3. 你对自己有怎样的需要？

我们需要自己随时随地光芒四射，需要自己随时随地保持很好的状态，需要自己有很好的身材，很好的皮肤，需要自己有很棒的赚钱能力，很好地把天赋发挥出来的能力，这是能力上的需求。

但更为重要的还需要不再攻击自己，能够很好地欣赏自己，能够无条件地爱自己……我们很多人在嘴上说着爱自己，但其实总是在做着伤害自己的事情，我们总是思考着别人是不是因为我说的这句话不高兴了,是不是不喜欢我了,我应该怎样做才能赢得别人的喜欢,这实际上都是讨厌自己的表现。

我们每个人在这个世界上都是独立的个体,每个人都有自己不同于他人的个性与特点,而人的美妙之处就在于人的特异性。因此我们应该学会接纳自己独一无二的特点,并发展成为我们的优势,不去在意别人眼中的自己,将注意力集中在自己的身上,把自己作为自己世界的主题。我们要看清楚自己到底要什么,否则就会欲求不满,想要又不敢要,在这种要与不要之间摇摆是最痛苦的。我们把自己在关系中的需求全部梳理出来,看到自己真正要什么,接下来我们就可以得到自己想要的。

三、善于觉知自己的需要

2011年,一只被海上泄漏的石油呛得奄奄一息的小企鹅漂流到了巴西里约热内卢附近的一个海岛渔村。71岁的老渔民若昂花了一周时间耐心地帮它清洗,最终小企鹅活了下来。企鹅完全康复后,若昂决定将它放归大海,小企鹅却不肯离开。

他们相处了11个月之后,企鹅不见了。到了第二年

6月它又出现了,用带着海腥味的嘴亲吻老人。此后5年,这只企鹅都是每年6月来,次年2月离开,周而复始。生物学家计算了一下,麦哲伦企鹅的聚居地位于南美洲南端,每一次的赴约它至少要游5000英里(约8000千米)。一路上它要克服疲惫和疾病,躲过海豹、鲸鱼等天敌,只为与它生命中的恩人相聚。

因为爱,小企鹅和七旬老渔民建立了深厚的友谊。

1. 知道自己需要什么,不评判,不纵容

觉知自己需求的第一步就是知道自己需要什么,真实面对自己的需求,不评判也不纵容。通过自我觉察和反思,我们明白自己的真实需求,然后真实地表达出自己的需求,这是一件美好且直接的事情。

允许自己真实地表达自己的需求,展现自己的需求,这是对自己也是对关系的一种尊重。同时我们也要清楚一件事,关系是双人舞,舞蹈有自己的界限,不能强求,不能强迫对方按照我们的方式来满足我们的需求。

2. 爱是一切关系的核心

觉知需求的第二步就是不论对方能不能满足自己的需求,都不是双方在一起的原因。

首先,爱是一切关系的核心,而不仅是为了满足个人

的需求，只有关系之间真正拥有一份爱的流动时，才是真正的在一起。

其次，我们需求的一切都是应该送给自己的最美好的礼物，这意味着我们需要对自己的需求负责，并学会去满足自己的需求。

我有一位朋友，她行动和思维都很快，而且特别能照顾人，不论是她的先生还是孩子，抑或她的家族里的成员，她都能给予无微不至的照顾。我和她在一起的时候，会产生一种生活不能自理的感觉。如果她享受这样的状态，我觉得也没什么，关键是她不享受，她在付出的时候会有评判，而且是一边评判一边付出。她为孩子付出，希望孩子优秀；她为先生付出，希望先生能振作起来。由此看来，她的每一份付出背后都藏着她的需求。如果过度在意对方是不是能够满足这份需求，对对方现状不接纳，对方也会感到这份压力，更难做出改变。我们不如从自己的内心出发，让自己满足自己。

3. 超越需求来爱你

觉知需求的第三步就是超越需求来爱你。这是一种更深层次的理解和实践，它意味着在满足自身需求的同时，也能从更高的层面去理解和支持对方。这种爱不仅是满足自己的需求，而且是出于对对方的关心和尊重，理解对方的感受和需求，愿意为对方付出。这种超越需求的爱也意味着一种宽容和接纳，即接受对方的不完美和不足，理解对方的局限以及面临的挑战。在这种关系中，双方都能够自由地表达自己的需求和感受，同时也能够尊重和理解对方的需求和感受。

"知我者谓我心忧，不知我者谓我何求。"每个人都希望自己的需要被理解、被满足。或许在你的交往中，你爱的不是对方，也不是你们之间的关系，而是自己的需要，是自己的需要被满足的状态。但是无所谓，如果我们每个人都能准确发现并表达自己的需要，那么我们就能真正地互相尊重、互相理解、互相满足！

• 有效练习 •

将你的觉察写下来：

1. 我希望伴侣满足我什么？
2. 伴侣希望我满足什么？

第四节
关系的真相：最美的关系是成就彼此

最美的关系在于携手共进、互相成就的和谐。我们愿意帮助他人解决问题，也愿意接受他人的帮助，去共同面对挑战。这种相互扶持、共同成长的过程，不仅能够增进彼此之间的友谊和信任，还能够让我们在人生的道路上走得更远、更稳。

一、爱自己是形成良好关系的前提

当一个人爱自己时，会更加自信、积极和有安全感，会相信自己的判断，不会轻易受到别人的控制和影响，懂得如何保护自己的内心和情感，不会轻易让别人踏破自己的底线和界限，更不会让自己陷入困境中。

一个人因为爱自己，所以能保持良好的情绪，这种充满自信愉悦的状态也会传递给周围更多的人，他们也能感受到放松和快乐，并更加愿意与这个人接触，所以，充满正能量的人更会被爱自己的人吸引。双方都情不自禁想要给对方满满的爱，会开启非常美好的关系，并在这种关系中越来越好。

当一个人真的爱自己时，会非常享受和自己在一起的时光。和别人在一起，是因为享受和对方在一起的时光。你会更加意识到另外一个人的好。

二、发现并夸赞对方的优点

奥黛丽·赫本说："真爱不是找到一个完美的人，而是学会用完美的眼光看待一个不完美的人。"我们很难在生活中遇见一个完美的人，要用宽容和理解的眼光看待对方，要学会使用夸赞的力量，向身边的人提供正向的反馈。

我们有一个"奇迹30夸夸团"，就是让群里的每个人都进行夸奖，大家都来夸自己的伴侣，没有伴侣的就夸未来的伴侣。他们非常喜欢这个活动，他们反馈"被夸的感觉真是太舒服了"！

跟随多年的老学员都知道"奇迹30夸夸团"威力十足，

他们主动应用在自己爱的人身上。我的一名学员说自己是在"每日三省吾身"的教育环境中长大的，曾经她一直认为要更多地看到自己的不足，才有机会修正和成长。当这名学员来到了自我实现心理学成长系统中，她发现同学们都在相互夸赞。刚开始她很不习惯这样的环境，每当有同学夸赞她表达清晰的时候，她就会习惯性地说"没有没有，我还有很多不足"。有一天，她突然意识到，面对夸赞她从来都是首先否认，做人要谦虚啊！她开始尝试着让自己做出一些改变。当她第一次用心感受同学们对她的夸赞时，她感觉自己好像的确在某些方面表现还不错，她真诚地感谢了对方对自己的看见和赞美。从那之后，她感觉自己变得更加闪耀了。

每个人都有自己独特的天赋和优点，而这些优点正是他们独特的价值所在，也是他们能够为关系带来贡献的源泉。当我们能够看到并赞赏别人的闪光点时，我们便能与他们建立更紧密的联系。而对方由于获得认可，就会进一步激发他们的积极性和动力。

说到赞美，我们不得不提到关系的另一个方面，即"对立"。与赞美和夸赞截然不同的是：在关系的对立中，我们时常会犯这样的错误，即你不同意，我偏要做。有同学问我："如果自己做的事情家里人不支持怎么办？"我说："对于我们想要的东西，我们既不抗拒也不妥协，要做的就很简单，你可以看着对方的眼睛说：'如果你不答应，我就不会去做，但是我真的很想去。'"我会教他们既要尊重彼此共同的时间和钱，也要用诚实的方式表达内心的需求。

我们不能把对方看作是竞争对手或者利用对象，而是要将其视为生命中的重要伙伴。我们相信对方的价值和能力，愿意为对方提供支持和帮助，同时也期待对方能够成为我们的助力，在我们自我实现的道路上能够助缘。

我对身边的人也是这样，我的口头禅就是："宝贝，你太可爱了。"无论夸赞对象是谁，夸赞的时候眼要到，声音要到，心要到，真正把对方看进眼里，放在心底，用言语直达对方的内心。让对方不仅感受到我们夸赞时的真心，也为自己的长处由衷地感到开心。

三、重视当下的体验

相处的品质大过相处的时间。我们每个人的精力有限，白天需要上学或者上班，晚上回到家中要收拾家务、休息等，因此我们与朋友、伴侣相处的时间就非常有限了。如何能让相处的时间变长呢？专注于每个当下。当我们能够全然在当下的时候，看到、听到、触碰到、嗅到的都是对方。当我们重视当下的体验的时候，就能够更好地管理好自己的精力，并将精力集中到当下。我们的每个瞬间都是永恒，因此每个永恒都给我们的爱人了！

《西游降魔篇》里面，段小姐爱上了玄奘，玄奘一直都不敢面对这份爱，直到段小姐被妖化了的孙悟空打死了，临终前她对玄奘说，我不要你爱我一万年，我只要你现在爱我，深深地，牢牢地。允许自己心中的那份爱炙热蓬勃地燃烧，就可以把每一个瞬间都过成永恒。

四、共同成长，成就彼此

1976年4月1日，乔布斯和沃兹尼亚克共同创立了苹果公司，共同研究开发苹果电脑，后来因为公司内部的"斗争"，两人分道扬镳。十几年后，乔布斯回归苹果任职，带领苹果度过财务危机，最终使得苹果公司成为全球有价值的科技公司之一。

这种彼此成就的案例比比皆是。而在这些关系间的互动中，我们追求的不应该只是自己的利益，而应该是希望能够与他人共同成长、彼此成就。这种彼此成就的关系意味着我们不单是以自我为中心，而是懂得换位思考，关注他人的需求和感受。

尊重生命每个阶段的成长是我们在关系中彼此相伴的美好。我们知道每个人、每段关系，都有它不同的生命周期，我们从彼此相识，然后有感觉，有一份炙热的情感，到能够更深地彼此相知相伴。我们认识可能有些陌生的对方，开始展开一场场权力的斗争，然后又要重新认识自己和对方。有些关系会经历很长的一段冰封期，还有的甚至进入关系的死亡期，然后又开始重新向上来到交互依靠期。无论相识相知的过程怎样起起落落，相伴都是美好的事情。

玛丽莲·梦露说："我爱你，不是因为你是谁，而是因为我在你身边时我是谁。"爱是周而复始，螺旋式成长的，只要我们不停，关系本身也不会停滞在这份爱的流动中，我们能够感受

尊重生命每个阶段的成长，
是我们在关系中彼此相伴的美好

得到一份来日方长的美好。

在这个过程中，我们透过对方看到了自己的成长，同时也见证了对方的成长过程。有一句话叫作陪伴就是爱！所以，在这一份慢慢的共同成长之中，会让人在悠然中看到彼此都在成就着对方。我们不着急一定要关系有某种深度，也不着急要去改变对方。有学员分享说，曾经自己渴望另一半来爱自己，是因为自己不懂得爱自己，希望另一半可以满足自己的需求，可以无条件地宠自己。但是双方相处之后发现，如果自己的爱是不完整的，祈求来的爱也是不圆满的，而且双方都会觉得受伤。所以，完美关系的前提是自我的爱的完整，在爱自己的基础上因为爱满了溢出来会流动到身边的人身上。

在我们的系统中，有很多参加学习的夫妻，一起听线上课，一起参加线下课，这份共同成长使得这些夫妻有很多共同语言。特别是线下课有很多互动练习，可以体验关系的升温甚至是瞬间升华。

伴侣之间共同完成对视传递爱的功课，两人找到让彼此舒服的位置和距离，相互看向对方的眼睛，觉知着自己的呼吸。其中一个人向对方说"我爱你……"，将心底的爱传递出来，直到对方感受到了爱，点头示意，换另一个人表达，直到对方也感受到了爱，再换另一个人，如此循环下去，将这份爱不断升华和传递。

抚触练习可以与任何爱的人共同完成，这个练习不需要提前告知对方，就是一份自然的爱的流动。一方可以往对方身边轻轻靠近，或者与对方同频呼吸，可以用掌心轻轻触碰对方的身体，比如脖颈、后背、后腰等，尽量避开敏感区域。

这或许对有些人来说是一个挑战，会有一点不好意思，甚至会有想躲闪的感觉，但是我们要时刻提醒自己，生命就是体验，我们都值得去体验一份有强度和深度的爱，所以如果对方有躲闪或者是自己内心有躲闪，甚至有情绪出现的时候，都不要回避。

很多人这样做的时候会流泪，因为这触发了内心深处最深层次的爱的喷涌。此时，会发现内在的爱就像岩浆一般炽热，自己真的拥有超级有爱的天赋和爱的能力。如果通过练习，两个人都对彼此敞开心扉，会让彼此在关系上有一份很深层的共振，一方能更加站在对方的角度考虑，更加照顾对方，爱对方，由此也会更加成就自己，成就对方。

弗洛伊德说："在一段亲密关系中，我们总是在寻找我们未完成的自我。"所以，当我们的关系回归本质时，我们会允许自己更加爱自己，由此能够迸发出更大的生命力，在我们能够不断点燃自己、活出自己的同时，我们也拥有了点燃我们身边人的力量。

• 有效练习 •

尝试布置一个适合沟通的环境，跟爱人彼此深度交流，了解：

1. 伴侣的梦想是什么？最想做什么？
2. 到了生命的最后，伴侣最遗憾的事情是什么？

第五节
好的关系：在任何关系中你都有选择权

著名演员威尔·史密斯曾说，"你的生活不是由他人的期望塑造的，而是由你自己的选择和行动塑造的"。是的，在任何形式的人际关系中，我们都有自主选择的权利。我们要善于行使自己的选择权，定义自己的身份和价值，而不是被他人的期望所限制。

一、要在关系中保持选择权

曾经有一个朋友这样对我说："我希望自己在方方面面都做到最好。我要在最好的学校里学到最好；要去最好的公司工作；在学习、工作之余为家人做饭并把家打理得井井有条；我要运动、节食，维持最佳的身材；要护肤、吃保养品，维持自己不要衰老。我要精致、美丽，也要实用、贤惠。但我真的太忙太累了，我总有遗漏的方面，这样的自己真的很令我不满意。"听到这话，我被震撼了。我才知道在有些人的心中，幸福的门槛原来如此之高。如果以这样的标准来生活，大部分的人都将输给自己严苛的标准。这大概可以解释为什么有那么多人总是感觉自己像一个失败者。

诺曼·文森特·皮尔说："在任何关系中，如果你失去了自我，那么你也就失去了关系。"社会的激烈竞争、父母的期待、自己的高标准无一不束缚着我们，让我们难以呼吸。生活在这种苛责与困惑中，我们也就形成了普遍的低自尊：经常怀疑自身的价值、自身是否值得被爱、自己是不是哪里有问题，因而不可能被爱；否定自己并告诉自己有很多事不可能、不可以。有时候关系之所以容易导致我们判断力下降，就是因为情感会让这份关系变得沉重，会让我们感觉自己对对方负有责任，在维护对方和维护自身的抉择中陷入更深的两难的境地。

当我们不再让自己深陷于泥潭一般的关系中，把自己当作自己世界的主体时，我们就会产生更多力量，不会在关系中期待索取，期待自己必须获得什么，因为我们想要的一切都可以靠自己获取，我们也会因此充满更多欢笑，更爱自己。我们允许自己拥有一份选择权，选择看到我们喜欢的方式和角度。

二、如何在关系中拥有选择权

在任何关系中，当我们拥有了选择权，我们就可以控制自己的注意力在哪里，意识在哪里，努力在哪里，相应地，我们就能在哪里有收获，就能在哪里建立起好的关系。

1. 调整关于自身的看法，提升自我价值

博恩·崔西曾说，21天习惯养成是在培养内在的自我评价、自我形象和自我观感。一个人的自我价值的高低，决定了这个人是如何看待自己的，也决定了在人际关系中会寻求怎样的被对待的方式。比如，某人觉得自己不值得被别人喜欢、被别人尊重，那么在和别人交往中，他就总是会觉得被忽视、被贬低。这类低自我价值感的人，在人际关系中往往会委屈自己、牺牲自己去满足别人的需求。

那么，是什么造就了一个人的自我价值感的高低呢？

首先，自我价值感是后天习得的。早年的经历、家庭环境、父母的养育方式、如何和别人建立互动模式，这都会影响最初的自我价值感。如果我们生长在一个非常严苛

的家庭中，只有表现得好、听话，才能被关注、被爱，那么我们就会形成一种观念，就是"我不值得被爱，我的感受、需求并不重要，只有当我去满足他人的愿望，达到他人的标准时，才会被爱、被关注"。那么我们长大以后，就更容易把自己的精力花在追求外在标准上面，以得到别人对自己的喜爱。当一个人把自我价值建立在一些不可控的因素上的时候，就会很在意别人的眼光和想法，外在就会很容易影响我们的自我价值感。

我们每个人的核心信念也会影响自我价值感的建立。核心信念是指一个人对自我、他人和世界形成的坚固的、稳定的、深扎于内心的信念。当一个人加工外在信息时，就会选择性地关注那些我们确信的、笃定的信息，而忽略那些"违背"我们观念的信息。比如，一个人的核心信念是"我很差，我做得不好，别人会不喜欢我"，这时如果他发一张自拍，朋友圈有九个留言说很好，一个留言说"你

坚定自己的立场，
停止迎合别人

修图修得太狠了"。他就会忽略前面那九条留言，而一直纠结于为什么会有一条是批判自己的，然后深以为然，觉得肯定是自己太丑了，之后便会过度修图。

同样的情形，高价值感的人就倾向于认为"其他人和我一样糟，我再糟糕也比其他人好"，他们会选择有利于维护自我价值感的信息，稍稍夸大自己的优越性。高价值感的人会想："有 90% 的人在夸我呢！"所以，每个人的核心信念会影响我们怎样去看待别人给我们的信息，也会让我们产生不同的想法、不同的情绪，在这样一次次反复确认中，自我价值感也在一次次地被巩固。

因此，我们可以调整自身的观念，试着明确在生活中哪些事情对我们来说是真正重要的。我们经常会犯的错误是，我的某一方面不好，就觉得自己是一个特别糟糕的人。这个时候要停下来想一想，这件事情是不是我很在意的，是不是对我真正重要的。我们可能会发现，哪怕我身材不好，但我很健康；我工作上没有明显进步，但我有幸福的家庭；而我更在意的就是健康的身体、幸福的家庭。虽然我也希望身材好、工作业绩高，但这些对我来说并不是最重要的，我就可以把它们从自我评价中删除，慢慢地我们就可以形成较高的价值感。

2. 无条件爱自己

我们需要无条件地爱自己，爱不是关于对方的，爱是关于自己的，当我们爱上自己，其实就是爱上了所有的人。

我们之所以想在关系里束缚对方，一个很重要的原因就是我们不够爱自己，不够相信自己，不相信自己有力量。我们可以尝试把一个完整的时间段给自己和真我，完全地属于自己和真我。我们可以对真我说："亲爱的，我带你去约会，就只有你和我。"可以去看电影，喝咖啡，或者做任何事情，我们要时时刻刻觉知到我们和真我在一起。只有我们愿意把自己和真我放在第一位，并且习惯于这样的状态，慢慢地才会把往关系里投注的控制和抓取的力量收回来，变得越来越有力量。

三、坚定自己的立场，停止迎合别人

选择立场，做出选择，其实也意味着为自己承担责任，我们在长期被质疑的成长经历中长大，会不信任自身有承担责任的能力。我们迎合他人，是因为恐惧与他人结果不一致后被孤立。我们希望通过迎合，让大家知道我们没有不合群，我们是值得被爱的。

英国心理学家吉利根提到，很多人都是为了一种"一致意见"而活着，我们喜欢与外界达成共识，对外界的不同意见有一种"易染性"，即很容易附和和同意。即便是自身高学历、事业有成的人也难以摆脱这种生活模式。我们的自我价值感很大程度上依托于关系，在关系中，我们才认识到自己是谁，而从关系中被驱逐给我们带来的伤害无异于毁灭。因此，很多人认为一致意见是我们的被保护和依赖所在。

在这种情况下，想要突破社会所设置的重重难关，走出属于自己的幸福之路，我们必须勇敢地迈出做出改变的一步：停止迎合。我们要选择自己的立场，并坚信这个世界应当容许多种立场同时存在，我们的立场就如同其他人的立场一样，有权利正当地存在，因为只有这样我们才能吸引到那些真正被"我们"吸引的人。此外我们还要练习做出选择，以及练习接纳做选择带来的种种责任。

四、改变衡量自我价值的方式

我们要改变衡量自我价值的方式：从把自己放到社会上的种种衡量标准中，转移到"自己是否有能力为自己选择真正对自己好的东西""自己不会为了眼前的利益而背叛自身""自己是否让自己做那些明明不愿意去做的事"

上来。

吉利根曾经这样说:"过去我会因为自己做了自己想做的事,而感到自私、内疚。直到有一天我忽然意识到,这就是人类一种常见的生存方式。仅仅因为自己的感觉、渴望而去做一件事,看重自己的需要,对别人来说无所谓,但对自己来说理由已经足够。爱我的人,应当支持我的这种权利,不制造障碍。"

一个人的成长其实就是不断自我突破的过程,当我们独立完成一件从来没有完成的事情的时候,我们会有一种满满的成就感,这种成就感实际上就是自我价值认同的方式,我们不仅会感受到自己的价值,还会在关系中让他人感受到我们的价值。

一名学员曾经在线上课上分享自己拿回关系中的选择权的转变过程。

她从小接受的家庭教育是结婚了就得白头到老,嫁鸡随鸡,嫁狗随狗,如果离婚或者夫妻不和睦是很丢人的事情。所以,结婚后她就坚守着自己的信念。即便有几年的时间,她和先生的关系并不融洽,她也没想过离婚。她怀疑先生出轨,有时候先生有家庭暴力的倾向,面对这一切她都忍气吞声,认为这都是命运,自己要遵从,她把自己放在一个受害者的位置委曲求全地过日子。

当这名学员在自我实现心理学系统中学习了一段时间后，她发现这么多年她把自己活丢了。于是，她开始尝试着爱自己，从生活中的一些小细节开始，给自己买礼物，让自己感受到快乐，让自己体验到价值感的提升。渐渐地，当她自己的力量生长起来的时候，她也开始有力量对先生说"不"，开始勇敢地表达自己的需求和态度。她甚至非常笃定地拿回了关系的选择权：我可以选择和你在一起，我也可以选择不和你在一起。这份能量的转变，让她先生也发生了很多转变，他们之间开始有了更多爱的互动和情感的表达。因为彼此拥有选择权，彼此是自由的、敞开的，他们的关系甚至比结婚前谈恋爱时还要甜蜜。

斯蒂芬·霍金说："在任何关系中，都有必要保持一定程度的独立性和选择权，这样才能让关系更加稳固。"我们应该知道，我们选择一段关系的原因除了爱没有别的，我们时刻拥有选择权，不让小我认为自己是因为某些因素不得不处于某段关系中，从而丢掉了选择权。真相是，我们在任何关系中都没有对彼此进行束缚，当我们放下了所有的需求、控制，我们还是会全然诚实地选择这段关系。

> **有效练习**
>
> 列出你认为的自己生命中最重要的 5 样东西，并去表达深深的感恩。

无法触碰关系的核心，就会在关系的纠葛中迷失自我。

关注公众号"奇迹30"，输入关键词"关系"，破除关系的禁锢，让爱升华。

第三章

掌握财富密码，和金钱做朋友

财富是一个人和世界价值交换的体现，热爱财富，才会拥有奋斗的动力，和财富做朋友，才能拥有财富。在现代社会，财富的重要性不言而喻。它不仅能够给我们提供基本的生活保障，还能让我们拥有更多的选择权、实现梦想的机会和更大的影响力。

第一节
匮乏的内在：你渴望变得富有吗

生活离不开金钱，活出金钱的富足是一件非常爽的事。

对于我来说谈金钱主题是一件轻松的事情。我不是在空讲，而是我的确活在这个状态里，我时常去触碰能够让财富扩容的事情，并把这些体验送给自己。对于中国人来说，金钱是罪恶之源等观念在很多人心中已经根深蒂固。因此，衍生出了很多不好的感觉。

一、匮乏是如何产生的

当金钱来到我们身边时，我们需要去看看自己和金钱之间有哪些负面的信念系统。日常生活中，如果我们无法处于平等看待金钱的状态，可能是被信念系统捆绑了。不管是轻视金钱，还是过度重视金钱，都没有在平等合一的状态，内在都有一些拉扯，或者抗拒、贪婪。

我们常常对金钱赋予很多复杂的意义。从小我妈妈就总跟我讲一句老话：赚钱犹如针挑土，花钱犹如浪淘沙。所以，从小我就觉得赚钱这件事很难，要一分一分地赚，而花钱就像浪淘沙一样，得省着花。曾经，我一直很害怕金钱来找我，因为我觉得金钱来找我很容易，但是它们来到后很快就会离开，每次离开时还要带走更多的金钱。所以，我对待金钱的态度，是既需要它、离不开它，但是又交织了很多恐惧、匮乏、纠结等复杂的情绪。

在我们的成长过程中，在不经意间，我们就被一些关于金钱的限制性信念捆绑了。有一些可能是社会集体意识灌输给我们的，有一些可能是身边的人告诉我们的，有一些可能是我们自己狭隘的理解。大多数的中国人都觉得节约是美德，钱要省着花，买东西的时候要货比三家，去挑那个性价比最高的。这些限制性信念不经意中可能成了我们匮乏感的能量根源。

1. 对金钱的负面认知

我从小读了很多书，有的书中说要视金钱如粪土，金钱怎么能高于友谊呢？金钱怎么能高于自己的理想呢？我觉得自己有钱了就要拿去换取他人认同，换取自我价值。

你想要拿金钱换取某些东西，或者别人要用金钱来跟你换取某些东西时，要考虑交换的价值。我们不能用自己认为很重要的东西去换钱，因为这个时候失去的是自己最核心的力量。任何想要的东西都能通过努力得到，不需要用自己重视的东西去换金钱。

我们做任何事情都要回归到爱，在一种非常平等合一的状态下，出于自己的喜悦、开心、和平去做事情。

2. 过多产生内疚感

内疚感很会吸引负债。大多数人内疚是因为觉得自己应该内疚，不内疚就觉得自己是个没心没肺的人。这是一个死胡同。我们喜欢用内疚来惩罚自己，表面上好像我们做了一个好人，我们很有良知。但实际上这是极不负责任的。我们认为自己做错了一些事，拿内疚作为一把"双刃剑"，来捅自己，还要把血给别人看，你看，我已经内疚了。我们会用内疚去绑架别人，也绑架自己。有人觉得自己内疚了对这件事情就有补偿了，其实，接下来还可以再犯。

在这个过程中，当一个人内疚后就需要受到惩罚，当一个人被惩罚后就会吸引惩罚，有时候惩罚最直接的形式就是负债。当一个人欠了别人的钱或者情，就是负着债的，接下来就可能负更多债。

如果我们受到金钱的困扰，或者在金钱这方面的力量一直发挥不出来，一定要去检查一下我们的内疚感，看看我们对什么东西有内疚感。我见得太多了，还真的不是说小负债，这些负债几千万、几个亿的人，他们家里非常有钱，但就是出于内疚感，金钱完全没有办法刹住车地往外溢。

3. 对金钱的恐惧

大多数人表面看着很爱金钱，内在却对金钱有恐惧感。特别是花钱时，只要一提花钱就开始恐惧，然后就进入比较、分析、计算里。不管我们是害怕金钱来得快、去得快也好，还是说对金钱有强烈的匮乏感、不安全感也好，这些负面情绪只是个结果呈现而已。我们不需要抗拒它，只需要清理它就好了。

我们要清楚地意识到，金钱的价值在于流动，它不会只待在一个地方。倘若金钱不流动就失去了其存在价值，金钱流动越频繁，就越有价值。即使是花钱，也要开开心心的。你若开开心心地花钱，花出去的钱还会再回到你手上，循环以后会带来更多的同类，变成"钱生钱"。

4. 没有做自己热爱的事情

在追求财富的过程中，我们常常被金钱所驱动，以至于忽略了内心的真正追求。当我们怀着厌烦的心情工作，会觉得自己是因为缺钱才工作，这时我们对金钱的感觉可能会比较糟糕，我们可能会觉得它逼着自己做不喜欢的事，在这样的状态下，金钱怎么会来到我们的身边呢？而当我们怀着热忱且投入地做自己热爱的工作时，就在启动正面吸引力法则，为什么我们总说做自己喜欢的工作会更好？因为当我们真心喜欢做一件事时，我们是积极向上的，不会耗费额外的精力，这样全世界都会来助力，但若我们只是为了赚钱才做，并非真心所爱，那就不一样了。《力量》这本书告诉我们："你不是根据你的工作或时间来获得酬赏，而是依据你热爱的程度。"

二、如何摆脱内在贫困

如果一个人没有理想，没有期待，看不到自己的潜能，更不分析当下的社会现状，不回顾过去也不展望未来，那么，这个人就陷入了内在的贫困状态。内在是外在的支撑，一个内在贫困的人，外在难以丰硕。

1. 清理金钱的负面情绪

清理金钱的负面能量和清理其他的负面能量一个道理。每天跑步也好，散步也好，做运动也好，抱大树也好，拥抱孩子也好,冥想也好,让自己习惯于任何时候都只选择喜悦、和平。任何时候,面对让自己内心发慌的、不舒服的、纠结的、匮乏的事物,都不用管它,也不用分析它是什么能量,直接转身就好。自己转回到喜悦和平,它就会自动清理。当自己习惯于待在和平喜悦的当下时,自然而然地,负面的情绪就被清理掉了。

当我们能够不再去关注所有拉扯住我们的

你渴望变得富有吗?

情绪时,就能直达结果了。如果我们想让金钱来滋养我们,我们可以直接进入金钱的影响力。比如,我们想透过金钱来彰显什么,或者说我们想达成哪些事情,做成哪些事情来彰显金钱的价值。

2. 接受自己对财富的渴望

莎士比亚说:"金钱是个好士兵,有了它就可以使人勇气百倍。"

我们对财富的渴望是一种普遍的心理现象,这种渴望可以驱使人们做出各种决策和行动，使人往好的方向发展。我们需要更加深刻地理解财富对我们意味着什么。我们要明白，我们是值得的，值得金钱来到我们身边，值得金钱的价值在我们的身上得以体现。

举一个例子，之前我从埃及旅游回来的时候，有同学就说也想去埃及。大家要知道，并不是所有人都对埃及有所向往的，所以当我们有这样的想法时，是仅仅让自己想想，还是允许它像种子一样，开花结果？事实上，这两者是有区别的，如果只是停留在思维中，想想而已，就会有很多限制，比如，没有时间、语言不通、要花很多钱等。

实现的秘诀是进行重叠，就是能够知道自己和想实现的东西之间没有距离，允许这个重叠在当下发生。重叠的关键在于，当一个人有了意识，就会感知到周围的一切，慢慢引发感觉，这个感觉进一步激发念头，一旦动了念头，就会驱使自己行动，最终实现目标。因此当一个人有了意识时，重叠就开始发生了。

比如，当你想到蛋糕时，你的意识中就会出现蛋糕的形象，这个蛋糕的形象引发了你的渴望与期待，于是你的口水就流出来了，因为蛋糕是你想象的样子，你的脑海中关于蛋糕的憧憬是可以闻、可以尝的。然后，你就开始筹划啥时候买个蛋糕吃。

3. 借助显化的力量

显化是一个过程，是将内在的思想、意识、能量或潜能转化为外在的、可观察的现实。当我们明确了自己对金钱的渴望，就可以用显化的方法转化为金钱。

显化具有六个步骤：

第一步，清晰知道自己要什么。

首先，需要明确想要显化什么。这可能是一个具体的目标、一个愿望、一个关系或一个体验。重要的是，需要非常清晰地知道自己想要什么，并且对此保持开放和接纳的态度。无论结果是否如自己所愿，都应该保持内心的平静和喜悦。

第二步，行动与思想保持一致。

在这一步中，需要开始采取行动。这不仅需要自己的努力，也需要借助于自己的思想。列出自己的时间轴，制订计划，并跟随内心的指引前行。这样做就可以将自己所渴望的事物带入自己的生活。

第三步，保持敞开与和平的心态。

在显化的过程中，保持一个开放、和平的心态至关重要。这意味着需要放下所有的担忧和恐惧，信任自己的直觉，不会被外界干扰。

第四步，持续敞开，让喜悦成为常态。

这一步是对第三步的延伸。需要持续保持这种开放和喜悦的状态，让它成为生活的一部分。即使面对挑战和困难，也应该努力保持内心的平静和喜悦。这样，会更容易显化出自己想要的事物。

第五步，来去自由。

在这一步中，需要学会放手。这意味着需要信任这个世界，知道它会以最好的方式为我们带来我们想要的事物。当我们放手时，世界也会用更多的馈赠来为我们创造奇迹。

第六步，成为金钱力量的管道。

最后一步是成为一个管道，让更多的能量和机会流经。这意味着我们需要保持内心的纯净和开放，让自己成为一个接收和传递力量的桥梁。当我们做到这一点时，就会发现自己的生活变得更加充实和有意义。

我们要感觉一下自己对此是不是很兴奋，不要到思维里，只是在意识里，去规划、去行动直到成为现实。

当下我们能做什么？也许是把它写在愿望清单上，也许是朝前迈一步，也许是马上找导游做一些咨询，约一下时间。如果这是我们真正想做的事情，一定要想办法去实现。

这也是为什么我日程表上的事情到时间就可以发生，因为在那个当下我就已经完成了重叠的动作，我做好了准备。我要去哪里，要做什么，我并不是半年后才做决定，而是在想到的那个当下就完成了重叠的动作。在那个当下我会马上看我能做什么，是不是有相关的资源，如果没有我就写到愿望清单里，如果有我就马上进行推进，也许就会出现一个合适的人或契机。

当我有了要去法国学习艺术的想法时，马上就出现了相关的人，我就向他咨询相关的事宜。我发现他是一个超级有责任心的人，他很快就为我制订了一个"法国学习之月计划"。当我看到这个计划时心满意足，非常兴奋，所以就允许它发生，马上就敲定了时间。

"实现"这件事是没有中间环节的，就是允许它发生，时刻记得我们要什么。我们既然渴望得到金钱，就要立马去思考我们的技能是什么，我们需要做什么，而不是上来就让很多否定的想法和语句对我们进行干扰，这样的话我们很难做成一件事情。要让我们时刻能够觉察到金钱与我们之间的关系，我们如何渴望一件东西，如何去实现它。要记得，我们是深深地被爱着的，所以，我们值得拥有我们想要的一切。

> **有效练习**
>
> 拿出一张纸币,对它表达:敞开接受一切。金钱是对自己爱的表达,今天一整天把这张纸币放在口袋里,时刻摸摸它,感受它流动的金色能量。

第二节
找到制约我们变富有的财富卡点

在追求财富的道路上,我们常常会遇到一些难以逾越的障碍,这些障碍我们称为"财富卡点"。它们可能是内在的恐惧、错误的信念、不良的财务习惯,或者是对金钱的负面观念。我们需要正视这些财富卡点,找到解锁富有的秘密,让财富在我们的生活中自由流动。

一、消除金钱的羞愧感

为了让我们获取财富的道路更加顺畅,我们必须找到制约我们变富裕的财富卡点。

例如:相信"金钱是万恶之源";认为自己不值得拥有财富或成功;过度消费和冲动购物;对失败的恐惧导致

逃避冒险，从而错失投资和创业的机会；对金钱的贪婪、焦虑或厌恶影响个人的财务决策；自我限制的行为模式等。这些卡点制约着我们变得富有，限制了我们实现财务自由的可能性。

财富并不是一种稀缺资源，而是在正确的时间、正确的地方，以正确的方式去追求和把握的结果。让我们一起踏上这段突破财富卡点的旅程，解锁富有的秘密，开启属于你的财富之门。

有一个同学分享，小时候父母对于她的零花钱管得很严，但小孩子总是嘴馋，所以零花钱不够时就去偷钱，偷父母的钱、邻居的钱，还偷妈妈办公室的钱。当时，她偷钱就只是为了买零食。现在，一想起这件事就会觉得自己是坏孩子，觉得自己特别过分。这么多年她一直为这些事情自责、惭愧及内疚，随时想起来都会涌上不好的感受。

对于这个同学来说这是一个很深的黑洞，巨大的羞耻感成了她获取财富的梦魇，让她觉得自己是一个不值得富足的人。这是藏在我们心里的一种负担，正因为我们心中存在这种负担，所以我们有很大的不配得感，甚至于不接纳自己嘴馋的样子，这些都来自小时候的未满足感。

当自己心里有一些小小的渴望得不到满足的时候，长大后可能更是一味地压抑、评判自己，认为自己不配得到最好的。

乔布斯的父亲从小就教会他要满足自己的渴望。乔布斯的父亲是一位工程师，他会花 50 美元买废弃的破车，花几个星期修理后，再以 250 美元的价格卖出去，这样通过自己的双手赚取一定的差价。因此，乔布斯从小就耳濡目染，想要什么都可以凭借自己的双手去创造。乔布斯读小学的时候，老师布置了一个手工作业，要完成这个作业需要一些零部件，这些零部件只有惠普公司才有，小乔布斯找到惠普公司老板的电话，他打电话过去，期望对方能为自己提供免费的零部件。老师知道这件事之后责怪小乔布斯投机取巧，没有认真对待这个作业，乔布斯的父亲对此非常不满，并与老师理论了一番，认为老师在抑制乔布斯的创造力。

乔布斯很幸运，他有一个很在意他的需要的父亲。这使得乔布斯很能接纳自己的需求和欲望。很多时候我们不能接纳自己的需求和欲望，只是一味地压制和克制自己的需求和欲望，也就根本无法进入创造的管道，只会陷入自我评判之中。

和那位同学一样，我小时候也经历过偷拿钱的事情。

我拿过父母的钱，拿过帮别人做事情的钱，晚上会自责到睡不着觉。我蜷缩在被窝里，觉得自己是个坏孩子，坏孩子不值得获得丰厚的金钱，此刻我会产生较大的分裂感。

30岁以后，我开始慢慢地去面对这一切，觉得这种事情实在是太令人羞愧了，我躲在被子里说不出话来。羞愧感和罪恶感让我感到窒息。后来，在一次课程中要做秘密的分享，当时我认为这是我心底最深的秘密，不愿意让别人知道。但我还是分享了，在那次分享过后，这个梦魇才从我生命中逐渐消失，我才不再继续用自责这把尖刀不停地戳自己。

因此我们需要清理对金钱的羞愧感。我们需要觉察一下自己在哪些方面对金钱有羞愧感，不管是之前做过的错事还是社会的规训，都会影响我们的情绪，以至于成为阻碍我们创造财富的借口。我们需要看清曾经的错误，及时原谅自己，时刻诚实地面对自己，如实如是，金钱会主动靠近我们。

二、不要囿于限制性的信念系统

很多人觉得只要更努力，做更多的事情就能够挣到更多的钱，于是陷入穷忙的陷阱里面无法自拔，因为过于努力，愿意比别人干更多的活，最后把自己累到心力交瘁，也没有挣到更多的钱。所以想要挣到更多的钱，首先要摆脱一个陷阱，这个陷阱是：怪自己不够努力，不够聪明。这个陷阱消耗了我们特别多的心力和时间，并框住了我们的大脑，让我们没有精力去思考别的事情。

确实，很多人见到金钱就会在它身上加诸很多的信念，比如赚钱很难、赚钱的途径不清晰、赚钱只能靠做生意或从政等。你要真真切切地看到自己还有哪些限制性的信念，哪些限制性信念在阻断你和金钱之间的连接。就好比，如果金钱幻化成一个美女或者帅哥，你没办法和她／他在一起，你们之间隔了很多层墙，而这些全部是你的信念。从今天起，我们要用一种真正平等的眼光去看待金钱。

致富的秘诀有很多，首先要识别出自己心中对金钱的限制性信念。如果自己觉得会受到阻碍，不能够无限地扩张，那么就很难拥有巨大的财富。试着想一想如果让马化腾去开餐馆，他的才华可能就会被那些毫无意义的工作给困住，并不是说开餐馆不挣钱，而是开一万家餐馆，也不如现在挣钱。要想挣到更多的钱，一定不要去碰"让自己不享受还很费力"的事情，因为这种事情会困住一个人的思维和想法。

三、理性对待收入与支出

金钱有进、出两个通道，金钱流进来是收入，流出去是支出。"财富的积累需要智慧和耐心，而财富的支出需要智慧和谨慎"。在我们平时的生活中，对于金钱，无论是收入还是支出，如果存在未被觉察、不理性的黑暗惯性通道，或者明知道这是不好的消费习惯，但由于不敢面对，被动地纵容了自己，那么你在财富上就是卡住的，最后金钱会变成一个让你觉醒的强制按钮。

那么黑暗惯性通道都有哪些呢？

1. 第一个黑暗通道：收入的黑暗惯性通道

如果自己只习惯于某种单一的收入模式，当自己希望增加自己的收入时，就会发现扩张的途径非常有限。这时候如果我们觉得只能靠借钱、信用卡套现、贷款或者变卖自己现有的东西换取金钱，那么，我们的思想就会被困在这些渠道里面，因为这些渠道都是黑暗惯性通道。

如果我们能好好利用自己的头脑，根据自己所擅长的技能、优点去做事，那么就会很顺利，无论是钱、物、资源还是相关人员，都会自然而然地来到你身边。如果不是这样，就说明这些金钱确实不属于你。

在这里，我来回答三个问题。

问题一：银行打电话到家里或者公司里催债，怎么办？

银行第一个月一般不会打电话催还，要超过3个月，你有了一次不良记录后，银行才会打电话催账。这里有一个很有意思的现象，比如，25日还款，一般从月初开始你就担心没有钱还给银行。在这个过程中你的注意力一直放在对未来的担心上，所以你就没有办法获得这笔钱。解决的办法是什么呢？比如，你用信用卡套现20万元，你很清楚自己需要20万元现金。首先，不要逃避，告诉自己我非常不享受被这样的事情拉扯，不想再为这件事情有任何恐惧、担心或焦虑。然后我们要学会释放，并且透过"不想要"看到自己"想要"什么。当你这样做完之后，把这件事情放下，让自己回归平和之中。当你回到这样的状态时，你会发现你不再因此而感到焦虑，你的注意力转移到赚钱这件事情上了，因此你就能很快还上这笔债务。

不要陷在对债务的背负里，背负是一件非常内耗的事情，会让自己在一段时间内形成"短视"，更加无法解决问题。所以，要先堵住这些黑暗入口，以后不要再去借钱还钱，也不要花不属于自己的钱。当你花了不属于自己的钱时，因为知道要还，所以一开始就会感到紧张和压力，而这份紧张和压力就让你更加没有办法获得金钱。

问题二：借钱投资或者是借钱做生意，全部是黑暗入口吗？

如果是属于我们的最大利益，那就不需要去借钱。如果需要借钱去做生意或者投资，那都不是我们的最大利益，这就是黑暗入口。当我们借钱投资时，我们可能会一直想"我可以赚钱吗？""我能还得上这笔借款吗？"这会一直占用我们的认知资源，导致我们没办法全神贯注地去做我们真正想要做的事，失败的概率也就大幅上升。

问题三：关于别人欠你钱。

还有一个黑暗入口就是关于别人欠我们的钱，到底要不要去催债。

如果我们去找对方要钱而他没有还给我们，那就要看一下自己的内在是否有怨怼。如果有，那我们需要分析一下，觉得是自己的平和比较重要，还是钱更重要？在两者之间做一个取舍。很多时候我们是输红了眼，情感上如此，金钱上也是如此，总想拿回成本，但是这会让我们输掉更多。关注别人欠我们的钱会给我们造成更多的黑暗通道，但我并不会帮大家做决定，只是提醒大家关注自己的状态，要时刻保持和平喜悦的状态。如果要钱让我们感觉到和平、喜悦，那就去要。

我们要相信如果有本事借出去20万元，那就一定有本事赚200万元。可以确定的是，借钱给别人是一个绝对的黑暗通道，因此尽量不要借钱给他人，即便是自己的亲人、朋友。因为当我们盯着借给别人钱这件事情时，我们就再也无法看到别的风景。如果已经借出去了，那就把对方能够还钱当作一个意外的惊喜，而不是确定的事情。

2. 第二个黑暗通路：支出的黑暗惯性通道

我们需要明白一个道理，钱是为了让我们开心，我们值得这些金钱，也值得获得开心。当我们时刻记得这句话的时候，我们就不会再把钱给别人。

有时候，我们成长的环境给我们戴上了一些枷锁，让我们在生命里有一种"当好人"的模式。有很多人不舍得把钱花在自己身上，而是把钱花在别人的身上，因为小时候金钱资源的匮乏让他长大后也陷入对金钱的不配得感之中。因此我就直截了当地告诉他："你是值得和配得让金钱来滋养你的。"

我给我父母买了房子和车子，有人就觉得我是在为别人花钱。其实我不仅是为我父母买的，也是为自己开心买的，作为子女，能够通过自己的创造为父母带来快乐，这种巨大的价值感超越我为自己买一套房子。有一种快乐是带给他人快乐，有一种价值是替你爱的人实现梦想。这不单单是简单的快乐，还是人生自我实现复合意义的呈现。

父母看到我要为他们买房子、车子非常开心，他们的开心让我感觉很好。如果我想为父母做什么，为好朋友做什么，在那个当下我就会去做。

去年过生日的时候我收到很多礼物，每一份礼物都饱含深情。那个当下我就很想为好朋友们做点什么，所以就请人用上乘的翡翠和宝石做了七只一模一样的蜻蜓胸针作为我们的信物。设计师以为我要拿去卖，当他知道我定制如此贵重的礼物是送给闺密做信物时，既讶异又感动。我说，是因为她们用心对我，所以我也用心对她们，做这件事让我心里很踏实，也很温暖。

"当你将金钱用于成长和启发时，它将会更快地以更大的数量返回你"。所以，我们在每个当下都把心里想做的事做好，但不是为了补偿，也不是出于牺牲，更不是一种交易，而是让我们花的每一分钱都可以为自己带来杠杆式的回流。

> **· 有效练习 ·**
>
> 今天看到任何事物都透过金钱去感受它,也去感受金钱的价值,同时看到金色的爱之流在彼此间的流动。

第三节
金钱具有流动性：吸引更多的金钱涌向你

生命在于运动，金钱在于流动。一个生命体如果能够与很多的人产生连接，他的存在能够影响到很多的人，那么他作为生命体的能量就能够流向更多人，从外显的层面来看，就会有更多人的能量流向他。而作为人与人之间的社交媒介——金钱，就会越多地涌向他。

一、如何感受金钱的流动

金钱只是一个载体，犹如一条河流。这条河流可以带着你去很多地方。如何与这条河流很好地共处？要有自己的水库、海洋，或者湖泊，还要让自己的水域流动起来。这样，我们的水域才会丰沛浩瀚。一个人只有参与到金钱的整个流动之中,才有机会见识金钱的洪流。

既然财富的本质是流动,那么当一个人对金钱的态度很慷慨的时候,人生就会很富足;当一个人对金钱的态度很吝啬的时候,人生就会很匮乏。当我们处于正向财富的金钱流中时,我们不会为物质而感到焦虑,因为我们相信万物能为我们所用,我们能创造更多的东西、更大的财富,内心因此会感到满足和喜悦。此时,我们能够清晰地感受到时间的流逝变得缓慢而充实,我们不再焦虑和担忧,而是全身心地投入工作中,发挥自己的技能和才华,轻松地取得优异的成绩。

这种状态就像是在玩一个游戏,不断地通过各种关卡,获得丰厚的奖励和道具。这个过程会让我们感到兴奋和愉悦,对任何人来讲,不断地进步和成长都是一份很大的鼓励。同样地,身处正向的金钱流中,我们也会感到兴奋和愉悦,因为我们在不断地取得正向的结果和实现自己的价值。

二、如何让金钱流向自己

"金钱如河流，只有顺畅地流淌，才能滋润大地。"有的人看起来无欲无求，对金钱的态度很淡然，但实际上却赚到了很多钱。金钱的本质是流通。当一个人的思想能够影响很多人，他的思想能够流向更多人，那么他就更容易赚到钱。

1. 清理"金钱受限"的信念

何谓"金钱受限"的信念？由于社会的规训和家庭的耳濡目染，面对金钱时，我们可能存在不配得感，认为金钱是罪恶的。同时"宁可饿死，也不接受施舍"的观念，也早在我们的生命中生根发芽。因此，我们的潜意识就会用我们想不到的方式隔离金钱，来保证我们自认为的纯净和高尚。这些信念像一堵堵围墙一样，把我们和金钱隔离开，我们赶走、我们抗拒、我们害怕，虽然金钱一直都在，但和我们并不同频。

如何成功释放"金钱受限"的信念呢？

有一名学员是做销售业务的，每月的收入依赖于销售业绩。自从跟随自我实现心理学系统学习后，她几乎月月都是销售冠军，而且她的销售都是轻松不费力地达成的。因为她每天跟随课程，浸泡在黄金生态圈中，每时每刻都在关注自己的能量状态，她知道这是显化很重要的一环。她每天按照自己喜欢的方式持续清理，让自己处在和平喜悦的状态。她每天做金钱的五行能量清理法，跟随课程收听冥想。在每次接待客户之前，她还会单独拿出时间跟随音频做一个显化冥想。在冥想中，她非常清楚自己想要达成的是：顾客了解产品后，我报价，他刷卡，就是这么轻松。这样的冥想能量调频，总是能够让她轻松拿下订单，而且顾客也非常满意。

我们要做一个冥想练习，看到自己有哪些不要的，以及看到自己有哪些关于金钱的限制。在这样的觉察过程中，限制性信念犹如被一面照妖镜全方位照见，无处躲藏。否则，有的时候我们会觉得这样可以，那样也可以，就会有所隐藏。

用金钱去衡量自己的价值，等于把自己无限浩瀚的生命能量塞入了金钱这个有限的载体中，不自觉就会陷入金钱受限的陷阱。我们要还给自己在金钱上的自由，释放所有关于金钱的捆绑与受限，坚信自己是无限的，愿意看见并打破所有的束缚。这样，我们就敢于面对自己信念上关于金钱的束缚，看到并释放这些受限的思想和信念，坦然地接受金钱的祝福，肯定自己值得这一切。

今天我们跳脱出这个束缚，改变自己的认知，并觉知到金钱能量本身就是纯净的，邀请金钱来到我们的生活中，和我们共振，我们与金钱的关系才会变得友善，金钱才能更好地被我们获得。

2. 提升认知，允许一切发生

既然金钱是流动的能量，要想赚钱，首先要了解金钱流动的规律。与"水往低处流"的规律相反，钱往高处走，也就是流向上层。所以，大约5%的人掌控了世界上大约95%的财富。在这条流动的路径上，我们如何做才能让钱流向自己呢？那就是提高自己的认知。钱往高处走，你认知高，钱就流向你；你认知低，钱就从你身边流走。

其次，要允许一切发生。试着去接纳一些自己不认同，或者超出自己认知范围的事物，从见识上让自己不设限。比如，我有很多同学特别富有，有个同学直接买了某酒店的一层楼，每次宴请宾客的时候都喜欢跟大家介绍有哪些明星和业界大咖在这里吃过饭。虽然我们可能暂时达不到这样的高度，但是允许自己去接受，并且去看到，就有可能提高认知。因为在交流的过程中可以看到他的认知，并从中学到很多东西。他对葡萄酒如数家珍,而我对葡萄酒研究不多,听他介绍这么多好葡萄酒,而且可以品尝到,我也觉得很有趣。

所以,当我们不去抗拒外在的世界,所有的丰盛都会流向我们,我们不要评判,只是去体验每个当下好玩的部分。

3. 听从内心:顺流助你走得更远

稻盛和夫说:宇宙进化存在一种让一切更加美好,使一切进化发展的力量,这就是宇宙意识。要想人生获得成功和繁荣,就必须遵循宇宙意志说产生的趋势,如果背离该意志,那么结果必然是衰落和失败。而钱就是为这种意志服务的。

在我们的生命中,有一条看不见的线,这条线将我们的经历分为两个不同的领域。在线的上方,我们体验到的是喜悦与平静,所有的事情都显得轻松自如,财富也像流水般自然而然地到来。而在线的下方,我们感受到的是混乱与焦虑,这些情绪像一道厚重的墙,使我们的生活充满了不和谐。

当我们处于顺流时,我们的生活方式是健康的,心情是愉悦的,整个人都是向上的、生机勃发的,此时,我们与金钱的振频很高，我们在心态上也会更自信、更放松；而当我们处于逆流时，我们则可能会制造出一些惩罚，甚至给自己带来一些疾病，逆流的金钱不会给我们带来很大的益处。

我们要觉知自己是否处于顺流之中，处于顺流中，金钱就会从四面八方向我们奔来。所以要时刻审视自己究竟处于顺流还是逆流。

三、如何让自己处于顺流之中

这个故事或许可以让我们知道处于顺流中是一种什么样的感受。

我的一名学员，从曾经负债 100 多万元，到实现无债一身轻，再到后来在杭州的繁华地段买了自己的房子，这一系列的发生都是在顺流中一步步显化的。

这名学员的先生的公司曾经受到过重创，他们一下子背上了 100 多万元的债务。夫妻俩节衣缩食，还要面对银行的各种催债，一时间没有任何收入进账，每天都处在恐惧和焦虑中。

朋友介绍她这个"奇迹 30"线上课，她就好像是抓到了救命稻草一样，虽然面对现实还是会有压力，但是内心可以有些许的平静。她听到课程中讲"做你当下能做的"，她发现自己当下什么也做不了，但是她可以去跑步，去晒太阳，去听课，于是她就持续让自己做这些清理的功课，风雨无阻。她还把在课程中学习到的跟先生分享，夫妻二人逐一列出欠款，真实地去面对，不逃避、不抗拒。

有一次，她在课程中听到其他学员分享，轻松卖掉了一套价值 280 万元的房子，而这个价格令房产中介的人都感到诧异，他们觉得当时的楼市行情是不可能以这么高的价格出售的。她想到自己家最快还清债务时，就是卖掉了一套闲置的房子，而那套房子已经放在信息网上 3 年都没有任何音讯。当时，她给房产经纪人打电话说，可不可以把这套房子登记信息中的联系电话从先生的电话号码改成自己的？房产经纪人说可以改，但是要等到第二天才能生效。结果第二天她就接到房产经纪人打来的电话，告诉她有人要买这套房子，而且愿意付她出售的价格。就这样，房子在很短的时间内卖掉了，他们也还清了所有债务。

她知道这就是顺流，于是她持续上课，持续每天清理，持续让自己锚定在喜悦的能量中。在这种顺流的能量中，不仅自己的状态很棒，而且先生的公司也增加了新的项目，开始有更多收入进账。很快，他们在杭州的核心地段又买了非常心仪的房子。

1. 首先，我们要找准自己的人生目标，时刻朝着人生目标行进

这些目标可以帮助我们更加专注、更加有目的性地行动，同时它也会指引我们、牵引我们往更加舒适和开心的方向前进。当我们明确自己的目标并坚定不移地执行时，我们的内心会变得更加坚定和开放，整个人也会变得更加优雅和自信。

2. 其次，我们要保持积极乐观的态度，关注积极的事物

时刻保持清醒的头脑，专注于眼前的问题，主动面对生活中的挑战和机会，坚信自己有能力克服困难并取得成功，消极情绪会削弱我们的动力与信心，因此不要让自己陷入焦虑、烦恼等消极情绪之中，避免消极情绪所带来的负面影响。

3. 最后，建立起自己的黄金生态圈

我们要关注他人的需要，并无私地为他人付出，帮助他人解决问题。当我们帮助他人时，我们不仅在散发自己的爱心，其实也在为自己积累福报。而这种福报可能以各种形式回馈我们，包括增强幸福感、减少困难和增加机会。

做善事不仅对他人产生了积极的影响，同时也是对自己内心世界的一种积极的投资。这种投资可以帮助我们在面对挑战和困难时保持坚强和乐观，同时也可以为我们带来更多的喜悦和满足感。

不仅如此，多做利他之事还能让我们与家人、朋友以及所有接受自己爱心的人建立起良好的关系。如此，当我们处于困境之中时，就会有意想不到的人帮助我们度过困难、走出困囿，将我们自然而然地带回顺流之中。

金钱的能量是在"无形—有形—无形"的状态中不断转化的。它既可以呈现于意识的感知中，也可以呈现于情绪以及能量的转化之中，还可以具象化地呈现于生活的物质层面。

根据吸引力法则，任何物质都会因为我们思想信念的聚合和消散改变流动的方向，金钱亦是如此。让我们变得有钱的财富管道有千百种的可能性，但我们需要改变认知，主动抛弃老旧观念，敞开自己的内心并且一心向好，这样金钱就会以它喜欢的、自由的方式靠近我们，向我们飞奔而来。

> **有效练习**
>
> 今天只关注自己所有能够连接到的财富管道,不带评判,只是记录,把自己有感觉的财富管道全部写下来。

第四节
对金钱说"是"：做自己喜欢的工作和事情

在追求财富的过程中，我们常常陷入金钱的驱动中，而忽略了内心的真正追求。此时，要告诉自己，我们的酬赏限于我们的热爱。看到心中所爱，当我们真心喜欢做一件事时，我们是积极向上的，不会耗费额外的精力，这样全世界都会来助力，但若我们只是为了赚钱才做，并非真心所爱，那就不一样了。《力量》这本书告诉我们："你不是根据你的工作或时间来获得酬赏，而是依据你热爱的程度。"

一、看到自己心中所爱，并跟随自己的内心

我们内在的热情与我们与生俱来的天赋有关，让我们

能够不断释放出自己内在潜藏的无限能力。我们应该更大程度地感受到自己真正的热爱,并且允许自己跟随这份热爱的指引。可能有人会感到疑惑:"我知道这些道理,可是我应该怎么寻找自己真正喜欢的事呢?"我们可以去感受一下做什么事情的时候会充满热情,能够感受到极大的乐趣,有享受的感觉,在做什么事情的时候我们毫不费力并且能够获得很多赞誉,做什么事情感觉最好,那么这件事情就是我们的天赋才华,把我们的天赋才华发挥到极致,这些天赋和才华自然会引领着我们奔向更远的地方。

我们只有发挥出自己的天赋才华才会更加满足,如果我们一直按照规则标准去活,按照别人的期望去活,那么我们都是活成别人期望我们活成的样子,而不是自己内心真正渴望的,到时候就会感受到强烈的强迫感,内心会感到无比的压抑。就如印度影片《摔跤吧!爸爸》中所描述的,男主角是印度摔跤冠军,很希望生个儿子去完成他的梦想——成为世界冠军,但是却一连生了四个女儿。有一天爸爸发现两个女儿打架很厉害,突然转念要开始培养两个女儿。表面上看她们是被强迫的,不能和同龄人玩,不能留长发,不能随意吃东西,但实际上是爸爸发现了她们的天赋,后来大女儿成了世界冠军,二女儿成了印度冠军。

在我们的生命中，要非常感谢那些帮我们发现天赋才华的人。我小时候结巴，没有人认为我将来会演讲，会唱歌，会用声音影响别人。但是我自己知道，我从小就非常喜欢文学的精准和优美。我有一个天赋，就是发现美，对美很敏感。

大多数人都不会聊我们的天赋是什么，而是只说我们应该做什么，因为多数人都会跟随世俗的价值观，但只有跟随内心真正的指引，我们才会轻轻松松地获得成就。

我们真正喜欢做什么？擅长做什么？做什么是毫不费力的？这是我们一生都要问自己的问题，就像知识的互通一样，当我们允许自己跟随自己的天赋才华时，就会发现，这个天赋才华可能连接着其他的天赋才华，天赋才华就会彼此连接，不断生长，让我们在这个领域内越耕越深。

我们需要看一下自己喜欢做什么，生命的激情和热情在哪儿？从小到大我们有些什么样的想法？还有哪些梦想是没有实现的？当我们发现这股力量后，天赋才华变现就只是一条路径，变现就开始简单起来！

二、通过"偶像"找寻自己

人的神奇之处就在于独特性，独特性让我们每个人都不同，因此每个人所擅长的东西也是不同的，很多人认为自己没有优点，其实不是的，我们只是忽略了自己的优点，我们的不自信将我们的优点在眼前隐藏了起来。不过不用担心，因为这是我们本来就会的东西，现在只是需要重新找到它，并唤醒它。

有时候我们可能会比较沉闷，比较不自信，这个时候我们就会怀疑自我价值，实际上，这样更加不利于我们对自信心以及自我价值的构建，我们要时刻保持积极向上，这样我们的想象力、创造力才会变得丰富起来。当我们的心情处于低谷，这份创造力就会逐渐减弱，这种状态不利于我们学习与发展新技能。

心情沉闷或许是因为在短暂的时间内我们有着很大的失落与失望，在过往的人生里并不清楚自己要什么、想成为什么样的人。当我们想要一些东西的时候，总是会遭到打击或者最终没有得到，我们的希望就会一点点地破灭。

我们没有必要羡慕别人，也不要觉得跟任何人有很大距离。我们认真地去看、去思考我们喜欢什么样的人，喜欢他身上的什么特质。因为我们清楚，他身上这部分就是我们想活出的自己的一部分。

我很欣赏蒋勋老师的关于人性的悲悯和慈悲，在他眼里没有坏人，他总是能看到每个人身上独特的美好品质。这些都是蒋勋老师身上触动我的特质，所以我就用"乾坤大挪移"去共振蒋勋老师的能量，共振他的呈现，把他的特质共振到自己身上，让自己也拥有一份这样丰富的彰显。

并且他也是我现阶段走艺术和人文学习之路上最大的指引，这就是"乾坤大挪移"的力量，我不会把任何力量向外推，不会嫉妒别人，不会想为什么别人有我没有，而是向内共振。

我们在生命的各个阶段都会遇到让自己触动很深的人，不仅是人，还有让我们触动的事情，当我们遇到任何自己喜欢的、有感觉的人，都可以去共振对方身上吸引我们的那个点，实现能量的"乾坤大挪移"。

在这种状态下，我们不会嫉妒任何人，而是会感谢他们出现在我们的生命中，感谢他们激发出我们的潜能，让我们看到自己也可以活出美好的状态，同时我们也能对自我实现的定义更加丰富。

我也很欣赏乔布斯，他说："不要让别人意见的噪声淹没你内心的声音，你的心和直觉知道你真正想要什么，去倾听它们。"他是一个非常有独立思维的人，不太受外界影响，别人说什么不重要，重要的是他自己是怎么认为的，我很欣赏他这份灵魂的独立与自信。他在设计产品的过程中彰显出的内心力量让我赞叹，看到他就是一个真正活出自己的人，我就会在工作中向他学习。还有席琳·迪翁，我很清楚她有吸引我的特质，我允许自己去了解、学习她的思想。席琳·迪翁对自己的天赋有一份很深的信任，她也是一个信仰爱的人，她和她先生之间有一份很深厚的爱。她在她先生的葬礼上唱的那3首歌，每一首都能让人触碰到她那种深情和超越的力量，让人听得泪流满面。我们不会轻易喜欢一个人，如果我们喜欢某个人，那是因为我们身上也有这份相似的特质。

请相信你自己一定有这样的潜力，否则你在心理上只会感觉到遥不可及。所以，我们要允许自己使用"乾坤大挪移"的方法，我们不要总是觉得一些事情跟我们没有关系，不要觉得自卑或者羡慕别人，因为我们知道，他们可以，我们也可以。

三、做自己喜欢的事

很多时候当我们去做自己喜欢做的事时，我们心中可能会充满很多担心、顾虑和恐惧，因为我们看不到做喜欢的事的结果，这种未知的结果带给我们的是不确定性。但是当我们在做自己喜欢做的事时，我们的快乐、和平以及每个当下的放松和喜悦，跟我们是合一的。此刻我们知道自己跟随了自己的心，我们知道自己的内外在这个点上是合一状态，这会让我们感受到自由且自信。

当我们做自己喜欢做的事情，我们发现自己就是这么值得，没有委屈自己，我们会真正去提升自己的配得感。当我们做不喜欢做的事情，但为了达成某个目的时，你会发现自己很不值得，因为目的更重要，且最重要的人不是你。

在我生命中，有件事一直让我非常感恩：我能够暂时放下自己当时看起来非常热爱的心理学，远离心理学圈3年。因为我在那个圈子里已经十多年了，我觉得自己得到了很大的成长，但同时我也处在一种禁锢中。我不知道捆住我的是什么，但始终觉得我在那个圈子里已经没有快乐了，很多事情好像都是"必须这样做"或"应该那样做"。我回家乡过年时，看到一块石头，它是如此的晶莹皎洁、干净透亮。我突然好像在那块石头上看到了自己的初心。我觉得离开家乡去上海这十多年时间，唯一不变的就是自己的心，这块石头就像巴拉格宗的明月一样，一直保持着那份纯粹、清透、洁白。我看到它时就心动不已。我以前从来没有做过任何和珠宝相关的工作，我不知道做这件事情会给我带来什么。当时，我最大的困扰来自我承诺这一生都要待在心理学领域。我觉得这是我的承诺，所以一直非常执着，但那个时候我真的不快乐。后来很长一段时间，我一直在问自己：我到底喜欢什么？我发现我连续三个月都放不下那块石头，就像《传奇》里面所唱的那样"只是因为在人群中多看了你一眼"，你就走进了我的心里，那种感觉就像热恋一样。最终我就决定，既然放不下，那就拿起来吧；既然舍不得，那就把它做起来吧！

以前，我一直走在证明自己、拯救自己的道路上，但是看到这块石头，我就心生喜爱；不知道这块石头会把我引领到何处，但是就是心心念念放不下。因此，我就跟随这份喜悦，开始做珠宝设计工作。正因为这份工作，引来很多可爱的孩子。

我在那一年的时间里，笑得比我前面三十几年加起来还多，每天都很开心，每天都在不停地笑，也不知道为什么有那么多好笑的事情，就是特别特别高兴。而这份快乐、这份热爱就把我带向了全新的人生。

我们每个人都值得活出自己生命中所有的喜爱。以前的那个我觉得自己很受限、受困，觉得自己并不喜欢。但我并不屈服,也不听话,我一直在努力追寻自己真正想做的事情,随着我想做的事情的指引,我发现获得了更多。

  坚持做自己喜欢的事情,多美好啊,想象一下,充满动力的自己,专一而执着,这才是我们想要的生活。想象一下,一个充满动力的自己,每天醒来都充满期待地迎接新的一天。不再是因为工作的压力或他人的期望,而是因为内心的激情和对自己喜欢做的事情的渴望。正如约翰·列侬所说:"做自己喜欢的事,就不算浪费时间,因为你享受这个过程。"只有当我们做自己真正喜欢的事情时,我们才能真正享受过程,不再觉得时间被浪费。因为我们知道,我们正在追随自己的激情,实现自己的梦想。

• 有效练习 •

  准备 10 个小福袋,在里面装进自己觉得平和的金钱数额,不带任何评判地发给身边熟悉或不熟悉的人,双手递到对方的手上,看着对方的眼睛说:我是富足的,你也是!

  今天,给自己金色的爱之流,去感受自己无限浩瀚的富足的能量,在所有的交流互动中,通过"给出去"觉察及扩展自己的能量。

你渴望变得富有吗？制约你成为有钱人的是什么？

关注公众号"奇迹30"，输入关键词"金钱"，更多财富问题，能在这里找到答案。

第四章

获取健康的关键：保持沟通通畅

我们要学会与身体沟通，更深刻地觉察身体的需求，不评判、不攻击、不指责、不压抑、不放纵，让身体处于舒适健康的状态之中。当我们心情愉悦、积极向上时，我们的身心状态会更加健康，也会更容易吸引正能量和好运。

第一节
身心健康的第一步,在于接纳自己的身体

保罗·科埃略曾说:"每个人都是独一无二的,就像每颗星都发出独特的光芒。"每一个人都有着自己独特的美,无关体形和相貌,都有着自己的价值。当我们产生自我怀疑念头的时候,我们需要了解自己,看到自己的优点,进而放大自己的优点,我们已经拥有了一切,我们就是最美好的,我们值得最美好的。

一、产生自我怀疑的常见原因

当我们不再怀疑自己,全然做自己的时候,我们身上独一无二的光芒就会散发出来。

1. 社交媒体影响了人对外形的认知

很多人通过社交平台展示自己的外貌，并接受他人的评价和反馈。一些过度使用滤镜和修图软件的人给人们造成了一种假象，让人误以为完美的外貌是常态，于是，与这些被加工过的形象相比，自己的外貌则显得不够出众。因此，社交媒体的普及增加了我们对自己外貌的焦虑，也导致了我们对自己外貌的不自信，还可能会使我们遭到同样的被社交平台影响的外界的质疑。

2. 内在自我形象影响了自我价值观

很多人的内在自我形象不够完整，自我价值观存在很多缺失，导致他们对自我形象的认知很单一。

举个很普遍的例子，人们总是认为男人就得有钱、有本事，女人就得漂亮，又白又瘦又美。男人被分手，总是会责怪自己不够强大，不够有财力；女人感情受挫，总是会责怪自己皮肤不够白皙，身材不够火辣。

当一个人对自己没有充分的了解，自我认知不够清晰，就会依赖于外部评价，这样非常影响建立自信。

3. 成长环境影响自尊心

在缺乏关怀和支持的成长环境中长大也会使得个人在外貌方面产生怀疑，难以建立强大的自尊心，从而产生恶性循环。

比如，父母不认可和不喜欢孩子的外形，经常打击孩子，而在其他方面也没有给予支持和鼓励，孩子缺乏自我认同，影响自信。

4. 对自己身体不够接纳

当我们评判和这个世界最大的沟通工具——身体的时候，我们也在评判着这个世界。当我们不接受自己的身体时，我们在接收的道路上就会出现障碍。我们接收不到这个世界对我们的爱，我们会产生负面情绪，会觉得自己不值得、不配得，会觉得自己的身体不完美，会觉得有很多自己接受不了的丑陋的东西，甚至认为身体的需求也是负面的。

我很多年前上过一个课程，老师有个经典发问：

你们真的接受自己的身体吗？

你们有照着镜子仔仔细细抚摸自己身体的每一个部分吗？

你们对自己每一根脚指头都是喜爱的吗？

我的一名学员跟随自己的热爱，在自己所在的县城开了一家瑜伽工作室。由于她非常努力和精进，每年都到世界各地跟随瑜伽大师学习，不断提升瑜伽工作室的服务内容和水平，经过几年的发展取得了一些成绩后，就被卡在了瓶颈中不能再有突破。

她曾找我做一对一深度连接，我发现她对自己的身体存在一个很深的卡点，就是她不接纳自己性感的特质。其实无论是她的五官还是身材，都展现着欧美人性感的特质。但是，她以瑜伽修行者自居，一直在追求很仙气、很优雅的形象，并且压抑自己性感的呈现，导致身体里的一些能量流通不畅。她看到并且承认自己有与生俱来的性感，而这个特质让她的美可以呈现出更多的面相。当她开始接纳自己的性感，生命的自由度便更加宽广。

身体的自由度打开了，她对瑜伽的理解也达到了更高的维度。她将呼吸练习融入瑜伽修习中，带领全国各地的小伙伴在呼吸和瑜伽的练习中获得力量。

二、接纳自己的身体

身体是属于我们自己的，与我们朝夕相处，它跟我们非常亲密。当我们爱自己的身体，与身体的关系越来越好时，我们的身体也会更加稳定与健康，我们也会更加自信。这也就是我们为什么要从身体层面做自我接纳。身体作为我们和这个世界最大的沟通工具，我们评判自己的身体，攻击它、不接纳它，都会伤害我们的身心健康。

很多人没有全然接纳自己的身体，直到得了重病要失去健康时，才后悔没有和身体好好相处。但是，我们不需要等到生病的时候，当下就可以开始接纳自己的身体：

1. 真正地爱和感恩自己的身体

我们需要和身体达成和解，真正地爱自己的身体，感恩自己的身体。

一颗卵子和一颗精子幸运地结合后，开始不断地生长，280天后，小天使脱离母体，来到人间。我们出生后，开始学习使用身体，建立自主意识，逐步接触社会。现在一些看似很简单的行为，我们都经过了非常复杂且漫长的、熟悉融合的过程。

这样一个执着于成长的过程，值得我们为自己喝彩，我们以感恩的心态面对自己的身体，感谢身体承载了我们的意识，就能爱惜身体，拥有健康。

2. 尊重自己的身体，去看看它有什么样的需求

我以前很不接纳自己的身体，随着我能够抽离并跳脱出"小我"来看待这一切，我经常会被自己的身体感动到泪流满面：我很感恩它一直没有抛弃我，没有因为受不了就把我丢下；感恩它信守承诺，承载着我无依的意识在人

世间经历这一切。现在，我也会去看我有哪些不接纳自己的身体的地方，不接纳的地方我不会停留在不接纳中，而是去看它到底需要什么。

我们的身体是值得被尊重和理解的，看一下自己的身体有哪些地方是不被接纳的，我们为什么不愿意接纳它，然后放下评判，和它达成和解，再看看它有哪些需求。

三、实现健康直达

为了不是很武断地评判自己，我们需要再放下相关的抗拒，去实现健康的直达。

什么是健康的直达？就是放下生命中所有的依赖和担心。我经常会收到朋友们给我发来的照片，我从照片里看到他们的变化，我觉得太不可思议了，我会由衷地发出赞叹：怎么可以美成这样。这一切来自一个核心，就是我们放下了对身体的担心、控制和评判，真正地开始爱自己的身体，开始接受如它所是，不去攻击它。

回到对身体的接纳和沟通之中，有几个层次，当我们不再攻击自己的身体，而是去找寻自己真正的最佳的状态会以什么样的方式呈现，其实就是培养一种生活习惯，更多的是在内在，给自己更多独处的时间。我的独处时间是固定的，每天早上十点半之前基本上不会有人打扰我，至少有两个小时我是完全和自己在一起。晚上我也会给自己时间，不做什么特别的事，就是在一种空的状态里，浇浇花，和我的猫玩，或者是听一听没有歌词的音乐，发一发呆，等等。这些都是找寻的过程，在这个过程中我们能发现自己最好的、最舒服的状态是什么样子。

在我们和身体沟通的过程中，会发现我们的世界越来越广阔，我们的爱好越来越多，我们喜欢的东西越来越多。我们会发现有些东西只是阶段性地陪伴自己，有些则会陪伴我们终生，于是，我们懂得了珍惜。我们会更大程度地发现健康的身体会让我们保持一份敏锐度，会越来越多地放下牵绊，不再为身体担心，也不会花费时间和精力去控制这一切，会越来越多地处于和身体的沟通之中。

我们要放下几个身体层面的抗争：

1. 无名

无名就是没有觉知到抗争，总是莫名其妙地生气，忍不住与他人理论。有一次我收到一条信息，还没看清楚内容就莫名其妙生气了。我立马觉知到，不能让自己处于这种情绪之中。当时我在房间里，正准备出去上课，于是就迅速起身在房间里绕圈，我要回到自己的觉知里。当我们对事情有抗争的时候，要去觉察一下触发我们底层情绪的原因是什么。我走了几圈之后，把自己从这件事情中抽离出来，大概两三分钟的时间就忘记了这件事。

上完课后，我才明白为什么会因为这件事生气。如果在没有觉知的情况下生气，或者通过与别人理论来证明自己，这代表内在有不安的情绪。如果发现自己在生气，这是身体在提醒自己有些事情方向不太对。这时，就需要回到内在问自己：我要去的方向是哪里？我的直觉是什么？这时我们就会迅速地回到自己的状态，而不会掉入不好的情绪里。否则，当我们掉入不好的情绪之后，就会进行无名的抗争，甚至都不知道自己在抗争什么，只会浪费自己的精力。

但当我们转身之后就会很清晰地发现自己要什么，也会树立起自己清晰的界限。我们的界限越清晰，做事情就会越简单，我们的身体也会有更多的机会以及更大的空间来跟我们交流，让我们的身体更加健康，同时也会形成更加牢固的界限来保护我们。

2. 对错

如果我们非常倔强，做事就缺乏圆融度，身体的关节就容易出现问题。如果我的关节痛，我会马上检查一下我在生活中是否有很坚持的地方。以前我以为凡事都要坚持到底，但这样的状态并没有让我变好，反倒是关节给出了提醒。觉察一下自己的身体，如果关节有问题，就说明你当下可能太倔强了。

3. 背负

中国人爱面子。如果出于面子而背负一些事情，肩颈就不好，肩膀会变得很厚，因为背负了太多不应该背负的东西，整个身体都是拧巴的。有时候我们把责任看得太重了，责任不是一份压力，责任不过是你需要完成一些事情，重要的是你要允许这件事情自然生长，允许自己看到这个路径，而不是自己拿来当作压力背负着。介入第三者关系也是一种背负。在和身边的人相处时，如果你总是替对方做决定，对方就不会有责任感，这份背负反而落到了你的身上。

4. 证明

这种证明往往是出于面子，或者是信念系统带给你的。在生活中我不会让别人来要求我做什么，而总是把事情做在前面，因为我不愿意让别人提出来给我压力，我也不愿意做一件事只是为了向他人证明。我会主动去做，发自内心地去做一件事。如我会主动关心我爱的人，每年春节我都会提前给所有的亲戚准备好礼物,对他们表达爱,看起来我是照顾好了身边的人,但最重要的是我照顾好了我自己,照顾好了我的心,照顾好了自己重要的以及自己身边必要的关系系统循环。很多时候当我们提前把事情做了,就不会有背负的感觉了,因为你是情愿的,是主动的,而不再是为了证明。我们只需活出最真实的自己,不需要向别人证明我们的重要性。

> **有效练习**
>
> 今天,检查一下你的生活方式,用心感受自己的声音,看看有哪些时候会开始评判和攻击自己?

第二节
爱的显现：100 次的自我肯定换来 1 次无条件的爱

"爱自己并不意味着自私，而是对自己的尊重和关怀。就像给植物浇水一样，我们也要关注自己的需求，让心灵得到滋养。"

一、重新认识自己，我们值得被爱

重新认识自己的第一步，问问自己我是谁？要知道，你不是你的身体，不是你的头脑，真正的你是超越身体和头脑的，而你的身体比你更爱你自己，它无时无刻不在跟你对话。

如果我们感到虚弱，是细胞在告诉我们，我们想得太多了，我们的能量在流失。如果腹部疼痛，是因为恐惧和担心；如果肚子大大的，是腹部积压了很多的愤怒。腹部右侧反映的是生理压力，腹部左侧反映的是情绪压力，背部容易承受不属于自己的背负。我们可以觉察一下，真相都很简单，透过觉察就可以感受到。心脏需要喜悦的能量滋养，关节是关于灵活性，固执的人关节就容易出现问题。

要知道，我们的身体有上百万亿个细胞，每个细胞都与我们连接，同时也在与自然界产生连接，是我们通往真我以及连接自然界的一条大路。我看见到处都是无条件的爱，这是我最爱的一个主题，关于真我之爱，源头之爱。每个人都要去触碰这份真我之爱，要能够感觉到自己是很可爱的，很值得被爱的。

二、什么是无条件的爱

我知道，一提到无条件的爱，有些人心里就会很落寞、很空虚，甚至有一丝悲伤，不知道无条件的爱到底是什么。那么请你深深地拥抱自己，接纳自己，和自己和解，因为过去的已经过去了，未来的还未发生，如果你已经在逆流里挣扎得太累了，请给自己一点时间和空间，全然允许自己，接纳自己。就在此刻，我们深深地拥抱自己，对自己说："我愿意接纳你，我愿意从此刻开始无条件爱你。"这非常重要，因为当我们越来越爱自己时，就会发现这个世界上的一切都是为我们的最大利益而来的，我们会很快实现自己想做的，这都来自我们和自己关系的改变。

曾经有一段时间，每天早上从睡梦中醒来，在意识还很朦胧的时候，我就不断地对自己说：我爱我自己，我喜欢我自己，我爱我自己，我喜欢我自己……我把这句话写在食指侧面，不断地重复，直到有一天我发现我确实真正地爱上了自己，全然接纳了自己。这时我才看到这个世界对我的友善，看到无条件的爱无所不在，看到我实现目标的速度越来越快。我有很多朋友，他们试了这个方法之后，看这个世界都觉得立体了很多，突然发现很多以前没有注意过的小美好、小确幸，会注意到花开了，看到更多笑容、更多色彩，看到这世间更多的美好。

以前，面对世间的一切，我就像站在气球里面往外看，无法真实触碰，因为中间隔着一层膜。但现在，世界在我面前变得越来越真实可触。"无条件地爱自己，就像母亲对待婴儿一样。无论婴儿做什么，母亲都会爱他。同样，我们用无条件的爱，接纳自己的所有"。

我的一个学员曾经跟自己肥胖的身体对抗了十几年，几乎所有的减肥方法她都尝试过，听说什么减肥药有效她就拿自己当作小白鼠一样去试验。但是减肥的底层能量是因为她嫌弃身体上的赘肉，对身体有很大的不接纳。所以，减肥并没有成功。

直到有一次胃出血住进医院，医生告诉她不能再随便吃减肥药了，病情严重的话可能需要做胃切除手术。在医院接受治疗的几天，她听到了身体细胞对她的"呼救"，她感受到身体器官在与她对话。她第一次感受到身体是如此爱着她，她不愿意做任何器官切除手术。身体完整、健康就是完美，她也不再急于减肥。

从那之后，她接受了自己，觉得即便胖胖的也是很可爱、很美。她不再刻意忌口吃什么、吃多少，而是让自己听从身体的感受，觉知自己吃的每一口食物。她逐渐找到了和身体和谐共处的规律，什么时间吃、吃什么、喝什么身体是喜悦的，做有节奏的运动，实现有规律的作息，等等。

现在她能把身体轻松地维持在一个标准体重，最关键的是健康而充满活力。每次参加线下课，同学们看到她都觉得她在逆龄生长，她的皮肤和身体活力越来越呈现年轻态。

三、为什么要无条件地爱自己

你知道吗？当你无条件地爱自己时，才能去肯定自己，要知道，100次的自我肯定才能换来1次无条件的爱，自我肯定是独属于一个人的盾牌，它能帮我们抵挡外界的负面评价，让我们由内而外地滋养自己。

我们要怎么做呢？

任何时候，无论面对怎样的状况，或者是有任何情绪，都不抗拒，因为我们相信自己不会做错事。我们时刻告诉自己：我是正确的。从小到大我们听了太多"你不应该这样做，你不应该那样做，你应该怎样做"，这导致我们和真我分离。我们会发现这些其实都来自别人的信念系统，我们经常在为别人的信念系统买单。要进行自我肯定，我们要迈出的第一步就是与自我合一，不抗拒自己。

我们要全然相信自己，刚开始可能会比较难，因为我们已经习惯于鞭打自己，不需要别人提醒就时常会觉得自己不够好，当感觉自己做错了事就很担心别人会怎么样看我们。我们要知道这一切都来自小我。如果想要扭转这个局面，最简单的方法就是切断思维的惯性链条，习惯于让小我闭嘴。

当自我接纳发生的时候，我们就能够感受到对自我的肯定。这份肯定不是来自外在，而是来自内在的为我接纳。对于外在发生的一切不抗拒，我们就会省下很多力气，否则就会有很多能量空耗在对抗上。所以，时刻释放对抗，让自己处在积极的状态中。

四、怎样才能无条件地爱自己

正视自己，聚焦于我们已经拥有的，就会被富足感深深地填满。要知道，我们关注什么，什么就会被放大。当我们不断地看到自己生命中所拥有的一切时，就会对自己产生无条件的爱，从而一步一步减少自卑感。当我们处于拥有、满足、欣赏、赞叹、体验、感动、感触、感恩的状态时，其实是在向我们的本我传递着清晰的爱的信息。

1. 完全地认可自己

我以前总认为，一个人觉得自己不够好是一种谦虚的表现，认识到自己的缺点才能有动力去改善。直到2016年的一天，我见到一个朋友，她得了一种病，全身肌肉萎缩，我对她充满同情与怜悯。有一天，我看到她在人群中非常自信地分享她的成长和感受，她说完全接纳自己、热爱自己、享受自己、欣赏自己，她觉得自己是完美的人。

要知道,她以前很自卑,跟人说话都会躲到椅子后面。那一刻我很震撼,内心被深深地触动,对于自己曾经对她有过怜悯的想法而感到羞愧。

如果我之前是那个样子,以我这么追求完美的特性,我肯定觉得自己没机会了,我可能不想活了。那一刻的震撼让我意识到我不能再沉溺于自己的惯性中了,惯性地抱怨、惯性地指责、惯性地认为自己不够好。我在一瞬间决定放下一切。

对自己说:我愿意接纳你,我愿意从此刻开始无条件爱你

我那个时候毅然决然不再朝向黑暗,我要看到自己拥有的。虽然生活窘迫,但我的房间总是一尘不染,作息很规律,我每天看书、打坐,保持着很好的生活习惯。

2. 不断看见生命中所拥有的部分

有一段时间我的身体并不健康,尤其手部,手上没有一块皮肤是好的,实在没地方夸,于是,我就夸脸上的皮肤。

那时候,我手工做珠宝,手上全是老茧和烫伤,我就

夸手背上的皮肤。我去夸所有我能够看到的好一点的地方。后来我发现，我生活中有那么多好的景象，我的"熊孩子们"（团队小伙伴）不计得失，天天给我讲笑话，天天一起唱歌，他们吃个三块钱的东北大板都能幸福满足地欢呼起来。从那个时候开始，我就每天都感恩，感恩所拥有的一切，每天都会去写生命中所有享受的部分。当我看到原来自己有这么强的创造力时，我就不再看自己没有的，永远看到自己拥有的。

3. 看到自己所拥有的，不断地去拓展

我要拓展的并不是我没有的，我看到了就说明它是存在的，否则我就看不到。就像有些一辈子生活在山区的人，他们一辈子都看不到一些东西，但他们也很满足、很幸福。这些年，我所拥有的都建立在我看到的基础上。今天，我们要看到自己的创造力，看到自己拥有的一切。我们的显化力复苏，才会看到自己内在的感受、感动、感恩不断地涌动。请允许自己进入已拥有的世界吧！

正如作家保罗·科埃略所说，"生命的圆满富足是内心的平静与满足，是对生活的感激和欣赏"。我们拥有一切，值得生命的富足、圆满，值得生命一层层地拓展，它不是欲望层次，而是生命的相互约定和同频共振的层次，

用所创造的一切来守护和滋养自己。

> **有效练习**
>
> 让自己持续保持活力,同时带着觉知与身体的每个部位打招呼,与它们交流,倾听它们,这一切会非常有意思。

第三节
全然接纳：由内而外地接纳自己

心理学家博恩·崔西曾说："自我接纳是我们最大的挑战，也是我们最大的力量。"我们经常对自己的外貌、能力和价值产生负面的想法，自我接纳意味着接受自己的不完美，认识到自己的独特之处。这不仅可以提高我们的自尊心，还可以增强我们的内在力量。

一、勇敢地面对自己的问题

有的人喜欢跟别人比，颜值不比别人高，工作没有别人好，钱财更是不及别人的十分之一，觉得自己很失败。

心理学家阿德勒曾提出，我们之所以只能看到自己的缺点，是因为我们下定了"不要喜欢自己"的决心，为了达到不要喜欢自己这个目的，我们选择了只看缺点而不看优点。那为什么要下这样奇怪的决心呢？这是因为我们在为自己不被喜欢找理由，保持"满是缺点的自己"这种状态，我们就可以避免被他人讨厌、在人际关系中受伤的结果，然后就可以心安理得地安慰自己，"我之所以这样，是因为我……如果……我也可以……"，其实这是我们为自己设置的一道不被伤害的屏障，是我们的防御机制。

《国王有个驴耳朵》这个故事相信大家都耳熟能详了，但我们从小理发匠的角度去看，他一开始没有说出国王有个驴耳朵这个秘密，但这个秘密一直憋在心里让他难受到生病，当他借助老树洞来让自己内在感受得以宣泄时，整个人都好了起来。其实我们内在隐藏着很多负面情绪，因为受"对与错""应该与不应该"的限制，很多情绪能量无法释放出来。当我们不再评判自己，不再指责自己时，就能正视生命中所有的问题和挑战，无论这些问题是来自内在的还是外在的，都不做任何闪躲。如果是来自外在的，思考当下我可以做什么呢？做我当下能做的，当下做不了的也就是我无能为力的，放平心态即可。如果是来自内在的，请毫无评判地去看待它，不要再让它成为自己的负担。

问题分为很多方面，有情绪方面、信念系统方面、能量状态方面、未尽事宜方面、整体环境方面等。在这些方面，会留下负面情绪，比如过往的伤害，小时候受过一些心理的创伤。它会在表面上呈现出"头脑认为这件事情应该是这样的"，如：头脑认为我应该多赚一些钱，头脑认为我应该自信，头脑认为我应该雄起。但是你会发现你的行动力没跟上，因此还是处于无力状态。

曾经，我们习惯了恐惧，所以会产生这些问题，也总是把自己放在问题里。比如，我从小到大很难找到方位，因为很少有人认同我，或者认同我的时候都带有目的性：我夸你，你就要做得更好一些。再比如，我天生过于敏感，所以目的性的控制对我就不起作用。在家里我受到很大的打压，产生自我怀疑：为什么我坚持的事物，没有人肯定我？当我们陷入自我怀疑的时候，那么我们的方方面面都开始掉入问题的层面。

当我们活出勇气，活出自己的骄傲时，再回头看曾经在问题中瑟瑟发抖的小孩，会非常有感受。当年，我们因为对自己的不确信、自我怀疑，认同了很多问题，甚至因为别人的问题去怀疑自己。现在，重新给自己定位，不去怀疑自己，并每时每刻告诉自己"我真的只能做到这一点了"。

二、把自己看成一个整体

我们的价值观往往都在传达：你再多做一点就会更好，你再多做一些就会更优秀。这种价值观总在二选一的思维系统里做选择。

如果把自己看作是一个整体，身体的每个细胞虽然是独立的，但它们又是相互合作的。如果把自己放进一个整体时，我们会发现自己是这个整体中的一部分。当我们认识到这一点，就能理解为什么自己会这么擅长做一部分事情，却不擅长做另一部分事情。这一切就像拼图的凹槽一样，如果你都填满了，别人怎么拿凹下去的部分来拼接你，怎么拿多出来的部分来对接你呢？

我曾经为我的老师做了很多年助理，协助他安排商务方面的工作，以及打理日常的生活。我觉得那时候我就像是一条八爪鱼，可以非常麻利地把很多事务都安排得井井有条。但是现在我开创了自己的品牌，开始运营心理学、农业、商业等很多项目，我身边有三位助理，在一些特殊项目或者在某些国家，还有专门的助理协助我工作。有一次我开玩笑地跟他们说："你们一个个都太能干了，我在你们面前就好像是一个生活不能自理的人。"他们笑着说：

"正是因为你的不能自理才成就了我们的十项全能呀。"

曾经做我的老师的助理时，在那个当下，我是圆满的，我在做我自己。如今，角色变了，我需要负责公司更多方向性的指引，于是很多工作和生活的细节我就照顾不到了，但我也是圆满的。包括我的工作团队中的每一个小伙伴，大家都处在一个整体圆满的状态，做真实的自己。

三、与自己和解

当我们开始与生命和解，接纳自己当下只能做到某一点时，我们就不再执着于无用的问题了。与自己和解，放自己一马，回到我要什么的状态。我要的肯定不是自责，肯定不是我自己多糟糕。

很多时候，我们看似目标明确，内心其实在打架。跟自己和解就像给自己的心灵穿上一件温暖的外套。当我们真正爱自己时，外界的批评和压力就不会轻易伤害我们。当我们自我确定的能量越来越丰满时，有件非常神奇的事情就会发生：那块曾经的短板也会慢慢成长起来。比如，曾经我看不懂数字，觉得它们都是外星球的生物，数字和数字之间的关联我完全看不懂。这些年，随着对自我的接纳，虽然我依然看不懂数字，但我很会赚钱。慢慢地，我越来越热爱金钱作为人类沟通的语言之一所带来的丰富性，以及背后浩瀚的智慧。我并不会执着于自己不擅长的方面。虽然不擅长数字，但我擅长与非常优秀的人交往。

放手，把自己看成是一个整体，与自己和解，就会发现自己拥有强大的转化力。我有个朋友曾经是一位深度讨好型人格的人，她过于照顾别人的情绪，在正常的交谈中，如果发现别人情绪不对，她就会陷入自我怀疑，回想自己是不是说错了话，做错了事。但是当她敞开自己、全然接纳自己之后，她就摆脱了这个束缚，实现了内心的自由。

现在再回头看，发现那些无法逾越的大山，都来自自己受限的信念系统。当时被恐惧情绪捆绑，习惯性地觉得自己存在不足，习惯性讨好他人、背负他人。如果做很多事情是为了证明自己的重要性，那才是活在问题的深渊里。当我们能够真正地完成这三个方面的改变：勇敢地面对自己的问题、把自己看成一个整体、与自己和解，真正地做到接纳自己，我们的生活也会过得越来越好。

> **有效练习**
>
> 在吃任何食物之前都要有觉知，不要狼吞虎咽地一口气吃完，而是细细地咀嚼每一口食物，并对自己说：这是我奖励自己的。

第四节
全然绽放：我的身体值得全然的健康

"如果你害怕失去健康，就是在创造失去健康。"问问自己，你在健康方面想达到什么样的状态呢？当然是全然的健康，身体和心灵都处于散发着光芒的大自在状态。

一、我的身体健康目标之旅

我在人生谷底的时候健康状态极差，全身浮肿，呼吸困难。那时候我最想要的就是健康，最想做的就是回归正常的生活，然后赢回自己的创造力，我把这定为第一阶段的目标，这个目标很快就实现了。随着我不断地清理和提升配得感，再加上和身体对话，与身体和解，身体越来越健康。

接下来，我将我的目标定位到第二阶段，第二阶段的目标就是要活出更好的自己。我要让自己整个状态越来越好，皮肤越来越好，身材越来越好，身体更健康。目前，我的方方面面都呈现出自己想要的状态，身体的能量获得了极大的提升。当身体里蕴含着巨大的力量的时候，这份力量会让思维更敏捷，让觉察力更敏锐，让反应力更强，整个人就更有魅力了。

二、大多数疾病源于需要被认同

奥斯卡·王尔德曾说："人们常常为了得到他人的认同而失去自我。"大多数人生病都是来自被认同的需求，他不愿意别人来指责他，不想被指责怎么办呢？那就先生病，因为生病是最好的逃避方式，是最好的控制身边人的方法。如果身边的人想要控制你，不管是孩子、父母还是其他人，很好的一个方法就是生病。很多家长在孩子生病的时候会内疚，觉得自己没有把孩子照顾好。父母生病后就开始围着父母转，很内疚地觉得平时陪父母的时间太少了。

在我处于黑暗低谷的那几年，父母在我身边陪伴我，我那时候半夜三更醒过来，会看到妈妈忧心忡忡地坐在客厅的沙发上。我妈妈闲不下来，每天早上不到5点，天还没亮，她就起来了，闲着没事干，她就去遛狗。她不经过我的同意，就要把我的办公室、房子退租。

我告诉我的团队，不要回应她，我发现她想用我身边的人去控制我，当她发现无法控制我的时候，接下来一定会用生病来控制。果不其然，我妈妈过了几天就说她的手疼，她的腕屈轴病发作了，她肩膀疼，所有她身体上的旧疾开始复发。她为了投射内疚感给我，经常半夜三更爬起来关心我，后面她就病得越来越严重，以至于全身都疼。这个时候我就跟我爸爸说："爸爸，你如果方便的话，干脆和妈妈回家吧。在这里，我无法照顾你们，妈妈现在这样让我心里面也会很不舒服，我没办法专心工作。"

我爸爸也看出来了，后来就跟我妈妈商量，回云南了。我们真的不需要通过生病来满足自己的需求，让一切回归自然的状态，回归没有拉扯的状态，回归生命的本身，回归爱的本身。这样，才能让自己处于全然的健康与喜悦中。

三、让自己的身体处于全然的健康与喜悦中

我们值得全然地被接纳，接纳自己的一言一行，我们不需要担心自己曾经说错过话，做错过事，会因此被惩罚，

无条件地爱自己,接纳自己,我们就能获得全然的健康与喜悦。

1. 夸赞和滋养自己的身体,带着喜悦和觉知去触碰自己的身体

当我们开始真正地去爱我们的身体时,我们会发现,我们的身体很像个小孩,你一夸它,它就开心。孩子就是我们不需要跟他讲很多大道理,爱他就是了,抱抱他就好了,夸夸他,这时候他就能够感受到爱。我们的身体也是如此,我们曾经用言语,用评判,给我们的身体套上了太多的枷锁。而今天我们要开始真正地、全然地去接纳我们的身体,这份接纳就是开始去发现它的可爱。

跟随自己的身体,全身心地信任自己的身体

今天我们要夸一夸自己的身体,就像夸小朋友一样地去夸它,就像夸小动物一样地说,"我的身体宝宝,你好可爱"。刚开始夸的时候,我真的没有什么可以夸的地方,脸上长满痘,到处都长,我实在没有地方可以夸,我就只能夸我的眼皮。

现在大家看到我的手都觉得挺好看，但是那阵子我的手实际上天天穿绳子，天天打绳结，满手烫伤。只有手背上皮肤还挺好的，所以我就天天夸我手背上的皮肤；身上的皮肤很白，我就夸我身上的皮肤；心肝脾肺肾好像都不是太好，我还是会夸我的心脏，我会对我的心脏说，"你以前都会跳得不规律，现在你会很好地跳动"。从负面情绪中跳脱出来，很简单的方式就是和自己的身体连接。有意识地触碰一下自己的身体，去感受。当我们回到触摸中，我们的头脑就不会叫嚣得那么厉害。

2. 跟随自己的身体，全心全意地信任自己的身体

当我们开始跟身体去合作的时候，最有可能会阻碍我们自己和身体合作的就是我们的头脑，特别是我们的头脑对身体的评判，我们总是想去控制我们的身体，想让它看起来更好、更美、更瘦，但实际上我们的身体是非常有智慧的，它会传递信号给我们。但只有当我们开始愿意跟随自己的身体，愿意信任自己的身体时，才会去解析我们的身体传递给我们的信号。

我的一个朋友，他得了一种全身筋膜萎缩的病。他全身的皮肤是收缩起来的，眼睛闭不上，嘴巴也不能够完全

闭上，整个手就像鸡爪一样。当他站在我们众人面前说他对自己 100% 满意、100% 喜欢、100% 接受的时候，我被深深地震撼了。

因此，当我们真正开始爱自己的身体时，就是从接纳和信任自己的身体开始的，当我们完全地信任自己的身体时，我们也可以成为这样的万人迷。

3. 怀着感恩之心，用每一口食物来庆祝生命

当我们以赞美的能量、祝福的能量、爱的能量、感恩的能量去连接我们吃的每一口食物时，它们的振频都发生了精微的变化，能够更深层地滋养我们身体的细胞，并参与到我们精彩的生命体验中。

有一次我去吃日本料理，主厨是曾经被乔布斯誉为全世界最棒的制作生鱼片的厨师，我照着乔布斯当年吃过的所有的菜单都点了一份。

服务员推荐给我一款乔布斯一口气吃了 6 盘的肉，我拒绝了，我想要自己来试。我在吃每一口食物的时候，都保持着一种全神贯注的态度，每一种食物的滋味在我的舌尖上氤氲，感觉每一块肉都特别好吃。当我吃到一块粉红色的肉的时候，我一下子就知道，一定是这一块，为什么呢？那块肉的质感太特别了。

我把那块肉放进嘴里,细细咀嚼,附着在舌尖上有点像柔糯的果冻,又非常柔软和细腻,鲜味具有丰富的层次感,厨师为我鼓掌。

吃出乔布斯最爱吃的生鱼片我当然非常高兴,但我最高兴的是我全神贯注的过程,我觉得每走一步路,每品尝一口食物,都好像有了新的发现,我发现我达到了对生命更宁静、更精微触碰的状态,那一刻真是要为自己的生命庆贺。那么,我们今天也可以尝试着让自己像一位味觉大师那样品尝我们的食物,我们的生命太值得庆祝。

当我们真正地打开自己的眼耳鼻舌身意,打开自己的味觉时,我们吃每样东西,都会吃到不同层次的鲜美,当我们真正地看到我们身体需要什么,真正唤醒我们身体的觉知时,我们会发现,吃火锅是一种庆祝,吃白米饭也是一种庆祝。

• 有效练习 •

在吃食物之前就开始赞美它,感恩它,感受到它对你很深的爱!

第五节
身体对话：跟身体部位对话，产生深度连接

"你的身体是一个奇迹，与它对话，倾听它的需求，它会以健康和活力回应你。"我真的很难想象我曾经是这么残忍地攻击自己，攻击自己的身体、皮肤、长相，攻击自己的一言一行。而今天当我与自己和解后，我居然在镜中看到如此柔美和完美的自己，我在看着自己的时候都觉得很不可思议，就这么一点一点地在雕刻时光，同时也在雕琢自己，太幸福了，我非常感恩身体的每一个细胞。所以，我们要经常摸摸自己，轻轻地拍拍自己，跟自己好好地打个招呼。

一、我们的身体富有智慧

持续让自己的身体保持活力，有事没事就上下蹦跳两下，同时有觉知地与身体每个部位打招呼，与它们交流，倾听它们，这一切会非常有意思。当我们开始将自己的意识全然地聚焦于健康与活力的状态时，我们身体中的每一个细胞都会接收到这一份指引，我们可以通过言语让自己看到，通过身体感觉到，通过时间来形成最大的惯性。

比如，我一个朋友的父亲几年前做了肾肿瘤切除手术，后来又得了糖尿病、皮肤病，基本上每隔半年就得到医院治疗一段时间。实际上，他在以这种方式寻求沟通。他和妻子一起生活了半辈子，感情并不融洽，经常争吵，但是他生病住院后妻子便不忍心再跟他争执，于是就百依百顺。而且每次生病后，工作忙碌的儿子就会回家陪伴，这会让他感受到一丝家的温情。

身体是一个强大的智慧体，当我们不去控制它、不去利用它时，它自身就有非常强大的疗愈力，它会生发出自动向好的力量，因为身体对我们的爱是我们无法想象的。

我的父母身体非常好，但是很早以前不是这样，我妈妈总以生病来"绑架"我，动不动肩膀疼、感冒，我需要耗费很多精力去照顾他们、关心他们。为此，我很痛苦，他们也没获得快乐。有段时间我正好有空，就经常带他们去世界各地旅游，在旅途中，我们都收获了很多快乐。但有一次我讲了一句特别狠的话，我说我们家有钱，我可以带你们去环游世界，但没钱给你们治病，你们要生病，我一分钱都没有。从此他们再也没生过病。在这个过程中，他们发现没有必要以自己的身体来绑架我，因为我们在其他的交流中能获得更大的快乐，身心也会更加愉悦。这对我们来说，都是最完美、最健康的状态。

连接自己的内在，并真正地为自己的内在考虑，让自己的身体得到充分的关爱和呵护，必能身心健康。

二、跟身体每个部位对话，连接自己的内在

我们是自己身体的国王或女王，我们对自己身体的每一个部位都有着一份看见，同时有一份感恩，感恩它们对我们无条件的爱和陪伴。让我们学会问候自己身体的每个部位，轻轻地和它们打招呼，与它们连接。

我们可以跟我们的身体表达："Hi，我的胃。你还好吗？"轻轻地摸摸自己的胃。"Hello，我的心。谢谢你，你在一直如此健康地跳动着，让我时刻有生机勃勃的感

觉。""我性感的小嘴唇你怎么越来越可爱?""我的双肩,你实在是太有担当了,你居然还么有个性。"……我们就是要跟自己的身体打招呼,当我们觉得自己孤独无助的时候,想一想还有几十万亿的细胞只为自己一人而活,恭喜我们自己王者归位。

在跟身体对话的同时,跟身体进行深度的连接,那么如何才能做到真正的自我连接呢?

1. 要非常关注自己周围的环境

环境可能是滋养我们的,也可能是消耗我们的。当我们感到越来越顺的时候,就会生长出一种微妙的氛围,吸引身边的人、事、物,这些都是跟我们非常匹配的。我之所以做生物动力农场,就是希望带动更多人回归自然,拿回本我的连接之力。"梧居鹿溪"传达着我们对身体、关系与能量平衡的态度和哲思。通过衣食住行等生活的方方面面开启一种灵智生活方式,打造

属于每个人自己的生活空间。

我们要时时刻刻对身边的环境保持觉知，还要知道如何去改变环境。改变环境最好的方法就是笑——一个空间只要笑声足够多，这个空间的能量场就会特别好。小孩子开心，就会大叫，这种欢乐的叫声会改变整个能量场，因为他们的快乐太纯然了，只要开心的小孩子在家里跑一跑、闹一闹，整个能量场就会立马提升。

我身边的一些朋友都可以很好地提升我，我跟他们互动会非常开心。如果有一些人消耗你，我们可以等自己状态好的时候，再与他们互动。一个人能够照顾好自己，和朋友在一起的时候，朋友们的状态也能随之得到提升。

2. 提升自己的状态，还要注意日常物品的细节

有一次我跟设计师沟通，她给我发了一些床上用品的照片，这些床品一看就知品质非凡，但我真正喜欢的只有其中一套蓝色的被套，材质是真丝磨毛的，这种织法织出来的布料手感会特别柔，摸起来不会很滑，盖在身上也会有一种很安稳的感觉。有一块床旗是闪光的缎面丝绸，特别精致。这种很亮的丝绸铺在床上，我很怕伤害到它，使用的时候也会小心翼翼。所以，我不会选择。

我对日常用品的选择很有讲究，我觉得不能太粗糙，

如果太粗糙,会不怎么珍惜;但是也不能太精致,太精致就会让人过于担心,变得小心翼翼。所以最好选择让自己舒服、可以提升自己状态的物品。

3. 关注我们的反应机制

我很擅长做产品,也很关注产品。相对来说,我很少去做商业洽谈,因为我知道自己有哪些情绪爆点。我看起来温温柔柔的,实际上脾气火暴,三句话不对头就要拍桌子了。

我知道自己情绪波动比较大,所以就不去做容易让自己发脾气的事情,不让自己有机会按到情绪的按钮。慢慢地,我发现,我没有那么多情绪了,其实以前我只不过是掉入了情绪的惯性里。

4. 时刻清楚自己的身体状态

正如泰勒·斯威夫特所说:"当我们与身体建立深厚的连接时,我们就能更加真实地活在当下。"在我们的世界里我们才是中心,我们开心才是最重要的事情。我们永远都拥有力量,当我们开心的时候我们就连接了,当我们感觉不好的时候,我们就连接就断了。

身体状态不好的时候,就让自己好好休息,不要勉强自己去做什么。有时候,让自己休息会有很大的不安全感,心里会嘀咕：我怎么能休息呢？一休息事情不就没人做了？实际上，我们的身体有答案，我们可以去聆听身体的声音，满足身体的需要，提升身体的状态。有一些东西可以提升身体状态，比如，冬瓜汁。生的冬瓜汁，加一点肉桂，如果在冬天喝，可以再加点胡椒或者生姜。早上喝冬瓜汁会让我们的头脑很清醒，身体状态也会得到提升。把有机蔬菜榨成汁，加一点酵素，也能够很好地提升身体状态。

5. 让自己时刻处在被奖励的状态中

我们要更大胆地奖励自己，如果自己都不会奖励自己，还指望谁来奖励呢？我们可以问自己：这个当下我可以用什么方法来奖励自己？做一件让自己能够感觉到被奖励的事情，找一个理由奖励自己，慢慢地就会发现，身边的人会配合我们的脚本来陪我们玩奖励的游戏。我们要把自己当成宝宝，让自己时刻处于值得被奖励的状态。我们要时刻觉得活着就是一种幸福，活着就应该值得被奖励。我们的目光聚焦在哪里，就会在哪个部分有很大的显化和突破。

我经常觉得活在这个身体里是一件很令人兴奋的事情，活着的感觉真好。我的口头禅是：饭不能随便吃，一定要出于被奖励。当我们时刻都处在被奖励的状态中，就会发现自己时刻都在接收礼物，因为我们值得被奖励，所以每天就会更加开心，我们的身心就会更加健康。

> **有效练习**
>
> 今天，时刻用跳动让自己的身体处于高能量、充满活力的状态中，感受身体细胞被激发，感受这种高振频所带来的生命高峰体验。

微笑打卡、宇宙收音机、奇迹日记，成长从未如此有趣。

关注公众号"奇迹 30"，输入关键词"成长"，登上通往奇迹的宇宙飞船。

第五章

自我实现：做个自由且富足的人

接受生活的锤炼，内心具有坚定的力量，蓬勃、果敢、坚毅；揪出并转化限制性信念，建立全新的积极信念，信任并跟随自然规律的指引，不再受限于狭隘的自我观念或外部控制，去体验一种更深层次的自由、和平、富足。

第一节
先有坚定的内在人格，才有绽放的生命力

我们有了坚定的人格，做人或者做事都不会轻易放弃，而是以极大的热情寻找并实现生命的价值，人生会因此辉煌、灿烂。

一、坚定的力量能给我们带来好的结果

你敢不敢勇敢坚定地对别人说"不"？

我的家里有一间专门的工作室，是用来学习、工作和放松的地方。这里摆放了书桌、电脑、书籍和一些我不希望被人拿取的私人物品。我的大部分朋友都知道我对这个空间看得很重，因此在访问的时候她们都不会打扰我。

有一次，一个不太熟悉的朋友来访，看到我的工作室

的门开着，就想要进去看看。但是，当她走到门口时，注意到了门上贴着的一张便签，上面写着："请尊重我的个人空间，进入前请先敲门。"这个朋友立刻停下了脚步，并询问我能否参观。我还是拒绝了这位朋友，我向她解释道："这个工作室对我来说是一个非常重要的私人空间，我希望能够保持它的整洁和安静以及不被打扰。"虽然我拒绝了她的请求，但维护了我的个人空间，因为那是我的界限所在。在这件事情上，我选择了坚定，坚定是我绽放生命力、拥有源源不断的创造力的前提。

生活中处处需要坚定的力量。记得有个段子说"公交喊停恐惧症"，有的人坐公交车的时候根本不敢向司机喊停车，甚至会坐过站；就算喊，他也要在心里演练几百遍；有人在同站喊停的时候，他就会暗自窃喜，庆幸这下不会坐过站了。

相信自己有这种力量，能够做出正确的决定，从做小决定开始就做到落子无悔

这就是告诉我们，在处理事情的时候，要做好心理准

备，让自己的坚定之力翻一倍、翻十倍，然后再去处理。

一个人内心坚定，有什么好处呢？生活中的我们，只要对活出坚定之力有觉知，这个部分就会开始生长，我们的做事效率就会翻倍，成功率也极高，这个时候你会发现自己身上充满了坚定的力量。

1. 坚定的力量有助于我们拿到好结果

坚定的力量有助于我们拿到结果，没有什么比结果更能让我们获得成就感了，坚定的力量还有助于推动我们从一个结果往另一个结果迈进。我们可以谈爱，可以谈要为这个世界做多大贡献，不管成就多高，真实、真诚很重要，但结果同样重要，因为我们期待做得要比说得更漂亮。

将想法转化为结果，也需要坚定的力量。当想法落到地上之后我们还需要有力量让它长出来。一方面我们要保持思维的连贯性，让我们的想法不是不切实际；另一方面我们要有非常坚定的力量，在面对别人的质疑时坚持自己的观点，源源不断地给予自己支持。这样才能确保我们的想法在现实中成长起来并拿到结果，这样才能给予自己和身边的人一份非常坚定、笃实的感觉。

2. 坚定的力量能让我们更加有能力

坚定可以让我们活出至美，不管是男人还是女人，身上都需要有坚定的力量。比如：有时候大家听我说话很温柔，但如果我总是一种软塌塌的感觉，也许会让人觉得很温柔、很舒服，可是这些无法给我们带来转化和改变，我们就会一直待在一种舒适区中，洞察不到身边事物的变化，自然无法做到拥有对事物的掌控力和扭转乾坤的能力。

所谓扭转乾坤，并不是我们要去改变什么，而是生命自然的生长力，一份自己身上的魅力。当我们把这种力量用在生活、工作中，会让我们做事绝不拖泥带水，当断则断，非常果决坚毅。

第一位女国务卿希拉里·克林顿在讲述女性的力量时曾说："女性的力量在于她的坚韧和勇气，她可以在逆境中崛起，展现出无比的韧性。"作为女人，我们可以活出一份勇敢又温柔的英姿，眼神非常坚定、坚毅，讲话尝试抑扬顿挫，在所有的行住坐卧中带入几分阳刚之力。男人也是如此，骨子里散发出来坚定，并不是没有任何柔软度的一味刚强，而是一种博大和无畏，也是一份引领和坚韧，如同大山一般巍峨，也如海洋一样广阔。

二、如何激发人的坚定的力量

坚定是一种正向的阳性力量，击穿问题，聚焦创造，其中包括果决、承担、无惧。它是一种勃发之力,是我们敢于给予,敢于做决定,敢于把自己的手臂打开,腿蹬得出去,脚站得稳。我们要相信自己的内在有这种力量,能够做出正确的决定,从做小决定开始就做到落子无悔。

那么坚定来自什么部分呢?

1. 角色责任能激发人坚定的力量

当我们没有成为父母时,我们所能感知的力量更多地只包含我们自己;当我们成为父母后,为人父母的角色责任感会激发我们产生更多的坚定的力量。

比如,作为母亲,由于受体内荷尔蒙变化的影响,在孕育孩子的过程中要承受身体的变化,孩子出生以后要给予孩子无条件的爱,这些都能激发出女性非常多层次的坚定。

再比如,最近有人跟我说他退休了,现在既没有家庭,也没有孩子,年轻时不想被家庭或者孩子所束缚,自己赚钱自己花,老了才发现自己并没有因此而大富大贵,还是一样贫穷。反观那些有家庭、有孩子的朋友,因为他们选择了承担更大的责任,到老了不仅儿孙满堂,还积累了很多的财富。他说他很后悔当初的选择。

2. 逆境能激发人的坚定的力量

有的人在生存层级上总会处在卡顿的状态，这与我们潜力发挥不出来有关系，有一句话叫"置之死地而后生"，就是因为我们别无选择，没有退路了，只能奋起一搏。这时我们就会发现内在有一些自己没有触碰过的力量，关键时刻被激发出来了，当我们冲出重围时，这种力量还在我们身上。

就像当初，我背负债务的时候，我爸第一次在电话中忍不住叹气："可惜爸爸没有那么大的本事，没有能力帮你承担这些债务。"这句话疗愈了我，我对他说："老爸，这是好事，每个月我要还这么多钱，但这些钱总有还完的时候。还完后，这些赚钱的能力还在我身上呀！没遇上这件事，我还不知道自己这么能赚钱呢。"爸爸的这种信任和无条件的支持给了我莫大的力量，这就是在逆境中被激发出来的潜在能力。

3. 历史人物和作品能激发坚定的力量

当我们变得坚定的时候，我们的创造力就会提升，所以要开始有意识地培养自己坚定的能力，看看有哪些事情，让人一想到，就会感受到自己内在力量的勃发。

我很欣赏米开朗琪罗。他一生塑造的大多数作品，都具有很强烈的阳刚之美，充满了蓬勃、果决、坚毅的力量。米开朗琪罗雕刻的《大卫》，被誉为世界上最美的男人。在创作《大卫》的时候，他所理解的勇气，跟一般人的理解不一样，其他人会雕刻大卫打败巨人歌利亚，把他的头颅切掉踩在脚下的那一刻。但是，米开朗琪罗雕刻的大卫赤身裸体，大卫一回头看到了歌利亚，那一刻大卫是有机会逃走的，但是他没有选择逃走。我们可以在大卫身上感受到这种坚定带来的力量感。米开朗琪罗本人也是如此，他一生都在挑战自己生命的极限，他有着专属于自己的坚定的信念，因此他的作品能闻名于世。

我很喜欢米开朗琪罗的作品，在家里收藏了很多他的书籍，我不止一次去佛罗伦萨小镇看过大卫像，在意大利多次辗转追寻米开朗琪罗举世闻名的四座圣殿和他的诸多作品，也不止一次在西斯廷教堂的天顶画下潸然泪下……在这个过程中，我们能够允许自己的身心灵全面共振到这位举世闻名的巨匠身上勃发出来的那份磅礴的生命力。我们也许无法像他一样一辈子都站在巅峰，但我们可以偶尔爬上山巅，去感受一下他的绝世风采。

三、活出真正的坚定的力量

1. 需要我们尊重自身和周遭的"界限"

在我们与周围人相处的过程中,我们要清晰地觉知自己及他人的界限。

以我现在居住的"梧居鹿溪"来说,这是我和父母、家人以及小伙伴们共同生活的居所,但是从空间层面上我们彼此的界限都是非常清晰的。我的房间都是按照我的生活习惯和作息方式装修布置的,工作、生活也有明显的分区。其他人甚至包括我的父母,如果要进入我的房间,都必须经过我的允许。我的父母住在二楼,除了他们的卧室外,这里还布置了属于他们自己的厨房操作间,他们可以在自己的区域自由活动,不会被其他人干扰。但是像会客厅、开放餐厅等公共空间,是小伙伴们或者客人们活动的公共场所,家人就不能进入了。这样,一家人彼此有爱、有界限,每个人都有自己舒适、安全、自由的个人空间,还能享受在一起彼此交融的公共空间,都是对界限的尊重。

除了物理空间界限外,要保证我们自身能量的稳定平和,心理空间也要有明确的界限,这样才能尊重自我以及他人的心理空间。我曾经在巴厘岛认识了一对定居在这里的美国夫妇,他们每天过着自己向往的生活,身、心、意平衡,对这个世界也充满了爱。然而,在他们决定定居巴厘岛之前的几年,他们也经历了内心的极大煎熬,最终才选择了对界限的尊重。

这位太太的母亲是一个思想、观念和情绪都非常负面的人,因为年轻的时候为几个孩子付出了太多,为家庭牺牲了太多,所以,她现在年纪大了,就理所当然地认为她的孩子应该来回报她,应该接纳她的所有。她的言语中,经常抱怨自己的生活,抱怨社会,而且还常常用内疚感"绑架"她的孩子们。最初,这对夫妻都以隐忍、包容的态度面对妈妈,也尝试着引导妈妈能够快乐一些,但是他们每次都会被妈妈强大的内心黑洞拉扯得心力交瘁,也跟着能量流失,几个人都陷入不快乐中。

终于,他们意识到,这是因为他们允许母亲侵犯他们的心理界限,所以才造成彼此的能量浑浊而且相互拉扯。其实一直以来这对夫妻都有一个心愿,就是到巴厘岛生活。有一天他们真诚地向母亲表达了他们的选择:我们在一起生活,三个人都不快乐,所以我们决定定居巴厘岛,我们先选择快乐。如果妈妈你要持续待在你的不快乐中,我们也没有办法为你负责。但是你知道我们是相爱的，也是彼此祝福的。

从那之后，他们就定居在了巴厘岛，妈妈继续留在了美国。尊重自己的心理空间界限，关闭了其他人与自己拉扯的大门，彼此的能量，完整而独立，彼此之间爱的流动也更加坚定而有力量。

2. 尝试突破自己

我们很多的内在力量曾困于限制性的自我认知之中，生命中很多的事情不是自己做不到，而是活在了受限的人生模式中。我们需要破除自己的"不好意思"，让这个世界听到我们的声音。很多人习惯于用唠唠叨叨去表达爱，那么，你有没有尝试过看着自己爱人的眼睛，看着孩子的眼睛，对他说"我爱你"——这也是一种非常真实的坚定之力的突破。

比如，我妈妈就曾经打破了物质匮乏给她带来的卑微，并让自己敢于享受美好事物，她很勇敢地面对自己内心最脆弱的地方。当然，如果我们想去做一些极限运动也是很棒的。我曾经就是因为恐高、怕水、怕高速，才去学的潜水、跳伞、开飞机、滑雪。生活中很多恐惧都来自头脑，当我们打破了这份恐惧，不再自我绑架，就会变得更加坚定。

3. 提高对事情的完成度

这种内心的坚定里有很大一份安定感。因为我们对事情的完成度很高，就更加笃定，更加有力量，有利于我们更好地获得成功，同时这份成功还能反哺我们的坚定之力。所以我们在现实中多去创造一些成果，内心的笃定就会更强。

即使是一件小事情，能够一次性做完、做好，也需要付出，完成后也能感受到成功的喜悦，心中会更增加了一份坚定。

4. 提升身体的力量

生活中，最简单也最有用的方法是从我们的身体层面进行调节，我们平时可以多去散步、晒太阳、喝姜汤，阳光的温暖、姜汤的辛辣会让我们滋生汗意，逼出体内湿气，使身体变得更加灵活轻盈。身体轻盈了，心里的负担也越来越小，心胸越来越宽广，情绪越来越积极，逐渐形成更加坚定的内在与人格。

"坚定的人不会因为困难而放弃，他们会有更强的意志力和决心来应对挑战和压力。"当我们变得坚定后就有更强的意志力和决心来应对挑战和压力，能够更加专注于问题的解决。因此，我们要时刻觉察自己内在坚定的勃发，不断突破自己，看到自己的创造力。感受自己的创造力被无限点燃，直达目标的能力就更强，就能获得更大的成功！

• 有效练习 •

今天无论你做什么，都带着觉知感受自己身体的每个部位，同时，去思考如何活出自己的坚定之力？

第二节
打破限制：发现并击碎限制性信念

"我一到关键时刻就掉链子""我数学不好""动手操作类的任务我肯定不行""我是个女生，怎么能去赚钱呢？"……这些经不起逻辑推敲、经常在我们脑海中自动冒出的想法，就是限制性信念，这种并非真相的信念就像披着羊皮的狼，看似温良实则狠辣，会让我们用错误的标签定义自己，进入想象出的困境中，久而久之，就丧失了自信。

一、识别限制性信念

美国总统巴拉克·奥巴马关于限制性信念有一句非常精彩的表述："限制性信念是自我实现的预言，打破它们是实现梦想的关键。"

限制性信念是错误的,但仍然可以被称为信念,因为它们会切实影响我们的心理状态,虽然逻辑上是错误的,但它们时常出现在我们与自己的对话中,对我们来说,心中冒出的这些声音亲切又熟悉,我们对此会深信不疑。

要识别这些限制性信念也比较容易,因为它们在内容上通常具备以下 3 个特征。

1. 假装预言困境

无论我们想要达成的目标是什么,限制性信念总能抢先一步告知我们可能会遭遇的困难,包括我们会遭遇什么样的损失,拥有限制性信念的人对失败造成的连续性后果有着生动的描述。他们可能会想象各种可能的负面结果,比如,失去面子、经济上的损失或者被他人评价为无能。这些担忧和恐惧可能会成为他们行动的障碍,阻止他们采取必要的步骤来实现他们的目标。

2. 鼓励打退堂鼓

限制性信念喜欢暗示我们"在哪儿摔倒,就在哪儿躺下",它仿佛很不愿意看到我们走向成功,例如当我们试图为一场演讲展示做些准备时,限制性信念可能会对我们说:"你平时就社恐,在那么多人面前展示肯定更紧张,到时候大家都会看着你，你肯定会被吓得大脑一片空白，整个展示就会变成一场大失败，让你丢脸丢到姥姥家。"

如果我们因此决定放弃锻炼的机会，换别人做展示，就是被限制性信念成功吓退，让限制性信念得逞了，毕竟把我们困在失败的原地，绝望"躺平"，正是限制性信念追求的目标。

3. 善于施加压力

无论是为了让我们放弃演讲展示，列举不配上台的种种理由，还是为了挫败我们学习的信心，细数失败后遭遇的种种嘲笑，限制性信念总是善于给我们施加压力，喜欢像堆砖块一样在我们的心中码上厚厚的一层，从而让我们背上重重的心理负担。限制性信念通过制造消极的声音说服我们，阻止我们做出正确的选择，导致我们错过机遇，阻碍我们发挥潜力，最终离过上理想生活的目标越来越远。

二、限制性信念从哪里来

限制性信念是观点、看法、观念，具有一定的根深蒂固性，作为一种主观意识，从个体成长的环境因素来看，限制性信念主要受以下几方面的影响。

1. 家庭环境影响

父母、抚养者或者家庭环境中的其他成员，会在不经意间将他们的价值观念、生活态度灌输给孩子，而这些观念通常继承自他们的上一辈，或者来自世界给他们的印象，又或者来自他们对孩子的控制欲……总之，受此影响，孩子会生成限制性信念。

2. 社会环境影响

除了经历社会考验后自行总结的教训之外，还有在学校教育时老师、朋友等对我们的影响，因为在和这些人的相处中，他们分享的信息、观念和想法会被我们重视和吸收，所以我们的限制性信念有一部分也来自于此。

3. 消极经验的影响

在糟糕的结果发生后，我们往往倾向于得出同样糟糕的负面结论，而让人印象深刻的消极经历，又往往与强烈的情绪体验一起出现，于是强烈的情绪反过来可以让我们对当时的教训念念不忘，却难以等冷静下来之后重新进行一番客观的反思，于是不合理的限制性信念就这样被保留了下来。

我的一个学员来到自我实现心理学系学习了一年多，她的家人和朋友都觉得她有了脱胎换骨般的转变。曾经，她是一个非常自卑的女孩，总是把"我不够好"挂在嘴边，从小觉得自己的家境一般、长相一般，上学时不像同学们那么多才多艺，上班后也不如同事们那么八面玲珑，她习惯于默默地待在角落里。

几年前她去做医美修整下巴，手术后非但没有像当初医生承诺的那样完美，而且还有明显的瑕疵。她去找医美机构理论，要讨回公道，但是工作人员几句话就让她打了退堂鼓，她觉得或许是自己不够好，可能是自己骨骼的问题太多了。最后机构只是退回了一点心理补偿的费用。

当她来到自我实现心理学系统学习了一段时间后，她意识到自己头脑中有很多对自己不满意的负向信念，于是她每天都收听"108句自我确认"冥想，"我的身上绽放着自性圆满之光""我看到我的生命越来越闪亮""我能感受到所有人对我的爱"……一句句确认语从听起来很不熟悉，到后来像是被烙印在了骨子里，她活脱脱地变了一个人。

不久前她还分享了陪同事去解决医美纠纷的经历。在现场，她理直气壮地指出机构出现的问题以及需要承担的责任，并坚定地提出自己的诉求，当场他们就把之前付的所有的费用都拿回来了。她说虽然这是在帮助同事，但她清晰地看到了自己的成长，也和过去的自己和解了。

三、揪出并转化限制性信念

限制性信念会导致我们陷入精神内耗，不能充满信心地去追求梦想，实现理想，一个人要想生活得更加丰盈，就要用全新的积极信念替代限制性信念。

1. 觉察限制性信念

仔细回想、分析那些让我们习以为常的消极的应对方式，判断其中哪些是受了限制性信念的干扰，具体的影响逻辑是怎样的，哪些环节阻碍了我们自身的提高和进步，找出这些卡点。

2. 改良限制性信念

限制性信念毕竟是消极的不良信念，我们既然已经将它们从意识中揪了出来，就不能置之不理，否则它们还会影响我们后续的生活状态。

改变限制性信念的具体方式，就是将其转变为相对更健康的积极信念。比如，前文列举的限制性信念"我一到关键时刻就掉链子"，若把它改良成更积极的思维模式，就可以变成"我需要在关键时刻保持更好的专注力"或者"我需要在关键时刻更加小心谨慎"。做出这种调整的核心逻辑是，先揭掉此前给自己贴上的绝对化消极标签，再从积极的方向做出思考，拟定积极又开放的新的行动描述，把它作为进一步增强自信心的良好信念指导。

3. 转念

当个体陷入负面情绪后，关键的影响之一就是容易被这些消极的情绪拖累，不能做出成长上的改变。转化负向情绪动能的目标，就是让个体尽可能地行动起来。

当我们真的鼓起勇气迈出第一步后，这些行动就会动摇固化的限制性信念，让随后各种积极的改变更自然地发生。

以下做法都能帮我们更有效地转化负向情绪，更好地迈出行动的第一步。

（1）阅读

阅读那些曾和我们有过相似困境或者让我们倍感敬佩的人的传记或作品，从榜样的作品中获得共鸣、启发和力量。

（2）写觉察日记

真实记录让我们感受最强烈的情绪或者事件片段，一方面能让我们更好地内观、自省；另一方面也能帮我们站在第三方的角度去重新审视自己的处境，可以更准确地评估自己在进步的路上究竟卡在了哪里，或者已经走到了哪一步，有利于我们对自己的情况、进度做出更真实的评估，从而帮助我们把自身状态从受困于负面情绪，转移到更积极的目标导向的行动思考之中，去更多地关注"未来我到底该怎样调整方向、怎样行动"。

（3）给自己写肯定日记

即使眼前的困境让我们沮丧又难过，也不妨试着写一下这个过程中自己有哪些方面值得称赞，切实记录下这些值得肯定的部分，比如"至少我勇敢地做了尝试，虽然目前不算成功，但我很有胆量，这种敢于走出舒适区、勇于尝试的行动力本身就很了不起"——这种记录方式，可以促使我们用积极的方式去看待问题，并习惯用积极的思维来评估自己，时刻提醒自己是多么的充满动力，这种相信自己一直在做出越来越好的改变的信念，能推动我们更坚定地走下去。

4. 发现解决问题的方法

降低限制性信念影响的最关键的一步，就是用全新的积极信念替代固化的限制性信念。比如：我们可以将"我不够聪明，这个问题肯定解决不了"转化成"我可能需要一些时间，但我有信心一步步解决它"。我们可以将"我以前尝试过，失败了，这次也不会成功"转化成"每次失败都是学习成长的机会，这次我会从之前的经验中吸取教训"。我们可以将"我担心失败后会被别人笑话"转化成"失败是正常的，它不代表我的价值，别人也会经历失败"。

限制性信念让人缩手缩脚的一个重要原因是，它经常在我们还没有开始做某事之前就发出了声音，通过错误的预判，让我们质疑自己的能力。

因此，质疑声刚一响起，我们就可以在准备阶段，及时发现并终止这些干扰，用上文说过的改良技巧，改写这些声音，将它们转变成正向的鼓舞之声。

正如拉尔夫·马尔斯顿所说："保持你的思想积极，因为你的思想会成为你的言语。保持你的言语积极，因为你的言语会成为你的行为。保持你的行为积极，因为你的行为会成为你的习惯。保持你的习惯积极，因为你的习惯会成为你的性格。保持你的性格积极，因为你的性格会成为你的命运。"保留那些你觉得更符合自己风格的应对办法，在多次的演练之下，将正向健康的积极信念保留下来，让它们成为我们脑海里新的自动化思维。

• 有效练习 •

　　觉察一下自己内心的限制性信念，自己内心还有哪些不满、怨怼的人与事，真实地面对它们，将这些限制性信念写下来，不管用语音还是文字，尽情地表达与宣泄吧。

第三节
目标牵引：明确成长坐标，激发自我实现追求

了解自己的能力素养，看清自己的梦想追求，点亮自己的目标灯塔，不惧人生路上的风风雨雨，活出属于自己的本自具足。

一、改变限制性信念，追求自我实现

美国心理学家马斯洛提出自我需求层次理论，这一理论将人类需求分为五个层次：生理需求、安全需求、社交需求、尊重与爱的需求和自我实现需求，这些需求按照优先级被排列起来。

生理需求是指人们的生存需要，如食物、水、空气、睡眠等，这些需求是人类最基本的需求，没有对它们的满

足，人类无法生存；安全需求是指人们在物质和精神上的安全需要，如住所、安全的居住环境、稳定的收入来源等，这些需求是人们维持生存的基本条件，只有满足了这些需求，人们才能有更高层次的追求；社交需求是指人们对社交的需求，如友谊、爱情、归属感等，这些需求是人们心理上的需求，社交可以使人得到情感上的满足。

尊重与爱的需求是指人们对自尊、尊重和自由的需求，如自信、自尊心、成就感等。这些需求是人们心理上更高层次的需求，只有满足了这些需求，人们才能够实现自我价值。

自我实现需求是指人们对于自我实现和自我超越的需求，如自我价值的实现、自我认知的提升、对未来的追求等。这些需求是人们最高层次的需求，只有满足了这些需求，人们才能够达到真正的自我实现。因此，自我实现是人类追求自我完善和发展的一种心理需求，也是对自己人生价值的认同和肯定。它能激发人的内在潜能，帮助人们实现自己的目标和愿望，为人生增添意义和价值。

我的一位学员因为家族企业的债务问题陷入了生命的至暗时刻。巨额的债务让她每天都在恐惧、担心、焦虑，整夜整夜失眠。对于她来说，最痛苦的不是银行催债，而是救急的朋友借的钱还不上，还有到月底给员工发不了工资，这让她陷入了很深的内疚，无法原谅自己。来到"奇迹30"后，她的救命稻草就是感恩冥想，听着听着身体似乎可以稍微放松一些，每晚可以睡上个把小时。后来就开始跟随"奇迹30"线上课，接着又参加了灵商密码、灵性之美、自在丰盛、三千面相等线下课，一点点从灰暗的人生中捡拾光的种子。2022年，她报名了光行者课程，连续上了半年系统的课程，让她的人生迎来了大的蜕变和翻转。

当她拿回自己的力量后，跟爱人做了一次正式的交谈。她对丈夫说："结婚这20年我把自己活丢了，我要退出家族企业，走我自己的路，活我自己的人生！"爱人沉思了一会儿说："如果你决定了，那就走你想走的路吧。"瞬间，她感受到了无比的轻松，因为这是她在婚姻关系中，第一次没有遵循家族企业的要求，她终于有力量说出自己真实的想法。她看到自己生命的火焰终于燃烧了起来，自己的翅膀终于有力量飞翔了。

谈到自我实现的追求，就不得不提限制性信念的影响。限制性信念会带给我们消极影响，常使人习惯于将专注力浪费在眼前的不足、问题等方面，让个体在看待生活的时候，也总是带着一种消极的态度，给身边的各种事情都加上了一层灰色的滤镜，整个人被无能感和无力感包围，产生类似"自己这辈子就这样了"的绝望感，很难再打起精神做更多积极主动的尝试。

但如果我们可以改变自己的参照方式和标准，用一种新的视角去看待眼前的问题，即重构问题对我们的意义、重新规划自己的解决思路，那么我们仍然可以重新激起内心自我实现的本能动力。

二、通过"镜子伙伴"去提升爱自己的能力

露易丝·海的"镜子练习"抚慰了很多人，我受到她的启发，在很多年前就和一个共同学习的伙伴相约做"镜子伙伴"。我们每天只用几分钟的时间，相互问几个问题：你今天爱自己的分数有几分？你今天接纳自己的分数有几分？你今天的完美分数有几分？做点什么，可以提升这个分数呢？

我记得在第一天，我爱自己的分数只有 2 分，我觉得自己太糟糕了，看到自己有很多不够好的地方。那我做点什么可以提升这个分数呢？当下冒出来一个想法是，我要

抱自己，即便看到自己有很多不够好的地方，但我觉得自己也是值得被爱的。到了第二天，我发现爱自己的分数已经涨到了 6 分，做点什么可以提升这个分数呢？我很想喝一杯坚果酸奶，我就觉得自己很值得被爱，于是我当下就去为自己买了一杯酸奶。就这样，我和我的"镜子伙伴"相约 21 天持续地问彼此，想到什么就马上去做。没有几天的时间，我爱自己的分数就已经达到了 10 分。而且我持续去做让自己提升分数的事情，想到就马上去行动，让自己一直在完美的、被接纳的、被爱的状态。

现在这个镜子练习也成了我们自我实现心理学系统很重要的一个工具，"奇迹 30"社区 App 还专门为大家设置了镜子伙伴的专栏，大家可以在里面寻找"镜子伙伴"，相约共同完成这个练习，共振能量，共同提升爱自己的分数。

三、体验生命的执着、倔强和不妥协

相信自己生而拥有的"本自具足"的能量，我们的内在有无限的资源，当令人压抑痛苦的事情发生时，停下来捕捉这些情绪带给我们的感受，倾听这些情绪背后暗藏的"我希望自己能……"的部分，这些由不甘心、

不服气等引发的声音，都体现了个体强大的生命力，体验和探索这些执着、倔强和不妥协，可以帮我们在走出情绪的低谷之后，重新踏上自我实现的道路。我们可以对自己说："我这么可爱，这么值得被爱，当然值得在这个身体之中迎来自己生命全面的大丰盛，活出自己生命的本自具足。"

四、透过"不要"看到"要"

假如我们以一种消极的视角去看待人生的挫折，一次打击就可能彻底击溃我们，此时我们对生活可能生出"我生来就是个倒霉蛋，我不想再尝试改变了"的限制性信念，在这个视角下，面前的一切阻碍仿佛都是生活对我们的故意刁难，想到未来，我们难免会感到恐惧，导致行动力受限。

但如果我们刻意转换视角，让自己从"要怎样"的积极视角去看，可能就不会仅仅生气于自己没有能力解决眼前的问题，而是会为当时那个努力却遭受失败的自己感到遗憾，产生同情，可以在一定时间里陪伴过去的那个自己停留在情绪的低谷。但当这些情绪逐渐淡化、我们平静下来以后，我们仍会继续积极地去思考："确实，之前那一次的尝试没有完全成功，下一次我是不是可以做得更熟练一些？我要在哪些方面优化一下，让自己做出更好的改变呢？"

人生路上，很多更有价值的礼物都隐藏在伤痕里，有时候，我们仅仅需要调整一下视角，就能找到新的支点来撬动我们的世界。

五、找到自己的大坐标

让一个人更清晰地认识自己的能力，明白自己能做到什么程度，远比放任思绪盲目畅想希望自己做到什么，要实际得多。

如果一个人对自己各方面的能力素养都有比较准确的评估，他就可以快速判断眼前的各种任务是否是自己可以胜任的，即使难以胜任，对大概成功率在几成、哪些方面可能会是需要着重弥补的短板也都会有一个预判……如果我们能够对这些判断拥有掌控力，就更容易提前对事件的结果做好准备，不会导致情绪剧烈波动。当一个人能够拥有相对稳定的情绪时，就能保持一种成长式的思维，时刻知道自己的优势和弱势，知道这些能力都是在不断发展变化的，自己还可以越来越好。

第五章 ▪ 自我实现：做个自由且富足的人 | 225

如果想获得这种掌控力，不妨试着画出自己的能力雷达图。

方法：感受内心中那个镜映的自己，结合图中各项，给自己对应的能力值打分。0是完全没有这项能力，10是此项能力接近完美。

注意：评估时尽量避免将能力值标定在中间位置。

十边形雷达图，具体每个分支分段标尺可根据图形尺寸灵活设定。

由个体根据自我印象评估来标记：社交力、逻辑力、情绪控制力、敏感度、守规则、外向、自信力、探索力、独立性、抱负心。

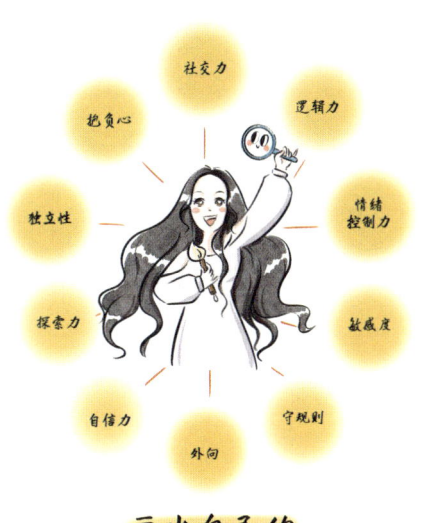

画出自己的十边形雷达图

在得到自己的能力雷达图以后，试着思考以下问题，这些问题可以让我们对自身能力特征有一个更全面的了解，也可以让个人未来的努力方向变得更加清晰。

（1）我对自己画出的这张雷达图，评价如何？

（2）目前哪些能力值，是我比较满意的部分？

（3）这张图中反映的哪些情况，是我之前忽略而现在比较在意的地方？

（4）如果要进一步升级自己的能力雷达图，我想在哪些点上获得提升？

（5）这张雷达图展现的能力结果，和之前我对自己的印象是否有什么不同？

在对自我能力有了深入思考和了解后，进一步思考以下问题，可以帮助我们获得一个更清晰的自我实现愿景。

（1）我希望自己成为一个什么样的人？

（2）我希望遇见、身边尽可能围绕的都是怎样的人？

（3）我喜欢把时间更多花在什么样的事情上？

（4）我希望自己获得哪些技能？

（5）想象未来，理想状态下的自己大概会出现在怎样的场景中？

（6）你觉得未来能发生的、最不可思议的事情是什么？

（7）我希望自己的事业/自我认识能力/健康/情感能力分别发展到什么程度？

（8）针对上述目标，现阶段的我做得怎么样？

（9）我所付出的行动，是否对实现这些目标有所帮助？

（10）我对自己目前的能力进度作何评价？

> **· 有效练习 ·**
>
> 思考并制定适合自己的目标。

第四节
在内外建立起独属于自己的自然循环系统

丰盛的风一直吹：

我们从丰盛中走来，从不知匮乏，故而也不知丰盛为何；

一切都自然而然，一切都本来如是；

在合一中我们拥有一切，我们就是一切，我们需要离开这个"一"，经历了匮乏的比较，才能知道丰盛为何物；

故而我们进入这红尘大梦的喧嚣中，去经历分裂、比较、离开、失去……才能重返丰盛！

一、什么是大自在大丰盛的黄金生态圈

大自在大丰盛的黄金生态圈是关于我们内外在的一个

生态系统，建立这样的一个生态环境，不论是外部构建还是内部构建，由热情驱动，让我们的生命建立新的循环，让生命处于顺流中，自然循环，自在而丰盛。圣雄甘地说："自然不仅是我们的母亲，也是我们的老师。"在每个当下，觉知到我们是整体的一部分，我们知道在一体之中每个起心动念，都在创造着外在的环境及结果，同时外在的人、事、物及环境氛围也在创造着我们内在的世界。我们知道到了一个对此有充分觉知的时刻，因为这将是我们迎回自主人生体验的关键时刻，我们将有机会重新书写接下来的人生脚本，并回到主角的位置倾情体验和感受。

在这个过程中，我们需要时刻保有一份清晰的觉知力，越来越精准地书写和定位，建立一个无消耗的生态圈。

我知道在这个生态圈中我的想法能够更通畅地表达，我的能量将能够更稳定地保持，我的创造力可以得到更有效的支持，我的爱可以更充沛地流动，我的人生丰盛层级将更有效地拓展，我的问题可以更快无消耗地面对、转化与翻转……我们值得拥有这样一片沃土，让自己更轻盈、多层次地生长。

在自我实现心理学系统中，很多学员都是由于生命的至暗时刻有机会进入系统学习，进而启动了生命的觉醒按钮。

一名学员刚来到"奇迹30"时，正走在抑郁的边缘。她刚刚经历了父亲从癌症治疗到离世的过程，这一切让她陷入巨大的痛苦、愧疚和恐惧的煎熬中。"奇迹30"就好像是她生命无限下坠中遇到的一根救命稻草，她开始整日循环收听课程，因为听课让她混乱的思维有了停下来的空隙。除了"奇迹30"线上课，她还参加了灵商密码、自在丰盛、三千面相、深度连接等线下课程，让能量不断爆破和叠加。

对于很多同学来说，自我实现心理学并不是一个简简单单的课程，而是一种多维、全息的生活方式，每个人在这里建立起来的是一套内外在自然循环系统。内在循环系统包括身、心、意识等多方位的自我了解和调频；外在循环系统包含自己的家人、朋友、同学、同事以及与所有有形无形的存在之间的关系。

这名同学在系统学习的几年时间里，生命状态在健康、财富、关系等诸多方面都发生了翻天覆地的变化。她不再是医生口中弱不禁风的"林妹妹"，已经两三年没有再吃一粒药，而且身体充满了活力，散发着魅力。这几年，她从当初60平方米的小房子搬到了北京市中心的190平方米的复式房。她和家人的关系，从相互之间"都是你的错"的相互指责，到现在"我和你在一起，只是因为我爱你"的相亲相爱。如今，她与自己的关系，与外在的关系，都在毫不费力地前行中，生命在一点一滴地被爱滋养和填满着，并且满到自然地溢出来，开始滋养身边更大的世界。

二、什么样的黄金生态圈是大自在大丰盛

黄金生态圈是一个能让人自在丰盈的生态环境，爱如自然界的水一样在圈子里自在流动，被无条件滋养着的每一个人、每一株草、每一件事、每一段情，都向阳而立，能量满满地给环境以正向的激发。

1. 无评判的环境

我们知道，在过往的人生中，我们已经消耗了太多的精力和能量去应对他人的眼光、看法、限制和情绪。接下来的人生，我们建立起一个低消耗的黄金能量圈，先和一群接纳度高、积极正向的人形成周期性的互动关系，相互协助将注意力集中到无条件地爱自己。

2. 有效确认

我们知道自己有很多自己都不太了解的美好面相，从今天开始我不允许任何人再来降低我的自我价值，我们需

要更多能够照射出我的丰富多彩的人、事、物，我允许他们出现在我选择的清单上，让我能够更加清晰地看到自己能活出的状态，从此刻开始，我选择活出人生的光明面。

3. 积极聚焦

生命中的所有的经历无所谓好坏，只有我们看待的角度和我们看清自己究竟想要什么，我允许自己柔软地向光而生，接受周围的人、事、物都是来帮我养成好习惯，在这个环境中不被表象所惑、不被自己过往的经验所捆绑、不断做积极选择，让自己真正想要的一切在正向的能量中自然地长出。

4. 创意拓展

我知道自己的内在还有很多未知的创造力，我需要在同一件事情上得到更多可能性的拓展，身边的人不仅是在满足彼此的已知和确定，更以彼此不同的角度和观点能够交流而欣喜，我喜欢这样能不断发现的自己。

5. 能量激发

不同的能量层级将会有不同的创造力和结果，我愿意在一个有温暖的、有力量的、有激情的、有爱的、细腻的、理性的、有领导力的、彰显的、柔软的、配得的、天真的、自信的、天马行空的、更丰富的能量层次的环境中生长。

6. 维度提升

我要在相同的风景中看见不同的自己，在不同的风景中看见不同的自己，我知道只有我自身维度的不断叠加，才能让我领略到这个世界更广阔的层次，我才能够不断地重新定义自己的人生价值，在每个阶段的价值上呈现出属于自己独一无二的光彩。

三、培养自己的黄金生态圈

我们都想生活在有爱没有内耗，有接纳没有评判，有温暖没有疾风的自在环境中，那么，作为环境的一分子，我们先要觉知自己的状态，满足自己的需要，储存爱的能量，让自己具有黄金特质，才能吸引、走进、创造出黄金生态圈。

1. 我们要有敏锐的知觉

海伦·凯勒说："世界上最美丽的事物无法被看见或听到，必须用心感受。"我就是对很美的东西很渴求，我就是对在这个世界上到处溜达很渴求，我就是对赚很多钱很渴求，我就是对美好生活很渴求。我喜欢穿不同的漂亮衣服，我认为在不同的场景穿不同的衣服能够呈现出自己不同层次的美，现在我自己在搭配方面已经很不错了，虽然没有很渴求，但内心仍对美有进一步的渴望，期望变得更美丽。我们需要有敏锐的知觉，能够清楚自己对什么感兴趣，并对此有着一定的渴求，在这个过程中你不评判也不拒绝自己的渴望。内驱力会帮助我们达成目标。

2. 了解自己的状态

有时候，我们的状态会受到周围环境、季节等因素影响。我一到冬天就很容易犯困，像是要冬眠一样，那个时候我不会抗拒，尽量让自己多睡觉，多休息，因为我知道自己最佳的状态在春天和夏天，这时候我的"战斗力"很强，秋天没有到来之前状态也很好。这就是我在这个季节的本能的表现。我有个朋友，夏天"战斗力"就不行，一到冬天就"活"过来了。

我们可以观察一下，自己什么时候处于比较好的状态？自己什么时候状态不好，就任自己去休息放松；什么时候状态很好，去按正向确认键，加速我们的工作与学习。我们可以按照季节来看，一年四季我们在哪个季节里精力最旺盛，最有创造力？一个月的时间中哪几天创造力最佳？找到自己的最佳状态，在最佳状态里努力工作。

3. 打造具有较高创造力的环境

我喜欢在一种工作即生活、生活即工作的环境中去创造。对我来说，工作和生活并不是朝九晚五，我非常享受我的工作。我不喜欢死板、束缚的工作，那会影响我发挥创造力，轻松自由的环境能让我创造出更成功的作品。我们团队中每个人都有自己的位置，并且做自己喜欢且擅长的事情，我们在一起很能出成果，并且每个阶段性的成果都在不断增多，我们每个人都很有成就感。这种成就感又成为推动我们向前的新的动力。当我们觉得做事没有热情的时候，没有必要为此焦虑，变换不同的工作环境、合作模式，终将会找到最能激发我们的创造力的环境。

四、用内心循环点，建立永续的循环系统

每个人都渴望成为一个发光体，我们需要从沉重、情绪化、限制性信念的状态中剥离，进入与万物美好的共鸣中。正如大卫·奥尔所说："我们与地球是同盟，而不仅仅是它的参与者。"我们要清晰地感知，环境跟我们是一体的，我们需要建立更生态更健康的生活环境，回归自然属性，与大地生发深层次的连接，每个人都能在其中找到生命的意义！

大自在大丰盛的黄金圈源于建立能量中心点，建立永续的循环系统，用内外在循环的自然系统，形成天地循环

的内外系统。

> **有效练习**
>
> 1. 你将从哪些方面建立自己的内在循环圈／外在循环圈，你的方法是什么？
> 2. 检索你的生态圈（人、环境、生态系统、个人成长系统），看看还有多少让你消耗注意力和能力的人事物。

第五节
越活越富足：轻松创造想要的结果

当我们开始学会做反馈的时候，我们所有的意念、所有的好感觉都会带我们去接近那个向往的自己。所以，我们要学会搭建让自己变得更好的反馈系统，以便于轻松创造结果。

一、建立反馈系统，勤于做反馈

我平时的习惯是看到让我心动的事情，不会只留在当时的触动当中，而是会迅速地搭建反馈系统，看一下我能从这个触动中得到什么启示，取得什么进步，我知道这些反馈复盘是我们通向进步、通向成功的桥梁。

我自己有个小本子，比如我去上课，会在上面记笔记、记作业，这个过程基本就不会遗漏什么信息。我收到信号，就会迅速随着这个动能不断地朝前移动。当我看到一段话觉得很有帮助时，就会把它收集到素材库里，虽然不确定什么时候可以用到，但有的时候反复去看这句话，就会在某一瞬间得到顿悟。

我们要允许自己建立反馈系统，做自己当下能做的事情，慢慢就会发现让自己有感觉的内容是什么，当我们将这个内容运用熟练之后，它就会自然而然地串联进我们的知识系统里面，我们的整个知识系统就会像小火车一样跑起来。小火车不仅可以跑通我们的思维链条，还可以作为运载列车，让我们的思维越来越丰富，看待事情的角度越来越全面。我们进一步把思维列车改成挖矿小火车，运载各种思想、各种感觉，自动循环起来，做当下能做的事。接下来，我们要强化这个系统，把热爱的东西变成职业。

当我们开始学会做反馈时，我们所有的意念、所有的好感觉都会带我们去接近那个我们向往的自己。我从来没有想过会从事心理学教育的工作，但我从小就有个不赚钱的副业。一到晚上，我家电话就响不停，不同的朋友打电话找我，谈她们心里的事情。甚至有个午夜热线栏目的导播会找我，跟导播很熟的人也会打电话给我，但是我从来没想过自己有一天可以把它变成我的职业。

我以前做房地产销售,认为这一生会一直做销售。后来,我得了抑郁症,那个时候是为了自救,我就研究心理学。我发现自己特别喜欢探索人的意识状态,于是就把心理学变成了职业。

我最近还想把一个爱好变成职业,就是做美食,因为做美食的过程让我感受到平静、治愈,也许这个爱好也会变成我的"新斜杠"。要知道,我们所做的每一件事情都不会白费,事事都会有所回应。重要的是我们不能让自己处在"懒惰"的状态,而是应该习惯性地在创造状态中。在这个过程中,我们可以去刻意练习整个流程,从发现触动开始,一直到这件事情内化成为自己的后,就能熟练运用并发挥进一步的创造力。

二、打造自己的黄金内生态圈

一个拥有积极心理状态的人,因为内在健康、向上、乐观、富有激情、自信、能量爆棚,满足得了自己的生命需求,因为扛得住压力,不纠结,不内耗,生活永远充满阳光。

1. 清楚自己的内在需求

说起自己的内在需求，很多人总以为自身内在需求的满足都是发生在遥远的未来，于是就造成了对当下心中的各种内在需求的亏欠，仿佛自己必须先在生命的前半程时刻保持忍耐，把各种麻烦、关键的事情忙完以后，才有资格在后半生享清福。

事实并非如此。当下我们生活的每一天，其实都是我们正在经历的幸福生活之一，虽然在这些日常生活中，令人失望的事情时有发生，但令人开心和进步的好事也同样在发生。

如果我们清楚自己具体的内在需求，认真回应这些需求，踏实地度过每一天，开放地迎接生活中发生的事情，那么，我们不仅能时刻保持一种愉快的行动力，而且对生活的适应力也能够变得更强。

每天清晨，对当日的目标做一个简单的自我确认，这样一方面可以帮我们更好地聚焦关键任务，提醒我们减少拖延，提高效率；另一方面也会给我们的大脑一个积极的暗示，因为当我们真的把一项任务按照"它很重要"的态度去对待的时候，我们全身心的状态都会做出积极的配合，效果自然很好。

2. 启动自己的内在觉知

突破限制性信念对自己造成的习惯性消极影响并不容易，还需要从内在知觉方面入手，从以下角度多加练习，让自己能更熟练地唤起积极的身心状态。

以下练习不必特意去操作，可以把它们分散在日常空闲的时候，每次只需要花上简单的一两分钟，坚持下去，就能获得对内在感觉的熟练把控。

（1）内在视觉方面

想象自己正身处海边，或者是任何让自己觉得自在、放松的地方，仔细观察周围的景色，天空的颜色、景物的颜色、环境是否宽广等，仔细去观察周围的色彩，想象自己通过调整不同的高度和视角，还能看到何种不同的景物，让脑海中的画面尽可能丰富、生动，让这种想象场景保持一阵，并体会它们带来的愉悦。

（2）内在听觉方面

挑选自己喜欢的音乐，播放的时候，让自己静静地专注欣赏几分钟，不做其他事情。感受自己在听到这些声音的同时，还感知到了哪些内容，仔细回味伴随出现的感受，不必与它们互动，仅仅让自己与之共存。

（3）内在感觉方面

这一步可以和其他任何训练同步进行，专注于自己的呼吸，随着空气的呼进、呼出，仔细体会身体的感觉。注意是否有哪些因素的出现，能显著改变我们对身体的感觉，同时想象自己吸入的空气正在慢慢经过身体的每个部位，试着练习每次呼吸时，都只专注于身体的一个部位，让自己对不同感觉之间的切换更熟练。

当配得感足够时，我们不需要用太多事物来惩罚自己。比如我以前去按摩，如果按摩师不用力，我就觉得她收了我的钱却在偷懒，觉得痛了才有效。有一次扎针，那种针有手臂那么长，插进身体后还要转动，整个五脏六腑像被挠一样，奇痛无比。我当时在想：自己为什么一定要觉得身体经历这么多痛苦才会好转？于是，我决定要删除这个"不痛不会好"的信念。

我要非常舒服，非常喜悦，而且我的身体依旧能很好。如果我们的生活总是要去吃那么多苦，总是要去经历那

么多坎坷，才能得到想要的结果的话，我们可能需要去看看我们的认知系统中有没有需要替换的部分，此时，需要调节到自己最舒服的状态。

（4）内在思维方面

刻意忽略那些消极的思维，主动去建立积极的思维联想。

当我们习惯让消极的状态统治自己的大脑时，大脑中各种消极意识的连接也会变得更加活跃，所以我们可以通过刻意建立积极的脑回路，来打断消极的影响，让内在的积极思维像进入健身房进行特训锻炼的肌肉一样结实，大脑也将更容易进行积极的思维活动。

晚上回到家中，不妨对自己当天的表现做一个简单的总结，可以是日记形式，也可以是简单的脑内复盘，同时可以放松地进行一些体力投入较少、情感回报较高的活动。比如，和家人窝在沙发里看电影，或者与家人就当天的各种见闻进行一场轻松的谈话，这些互动的目的主要是帮我们恢复精力，重新回到爱与被爱的感觉之中。

三、打造自己的黄金外生态圈

外在的社会支持系统，在我们心情不好的时候可以为我们提供情感支持；在我们能力不够的时候，能够伸出一只手，助我们一臂之力；在我们身体不舒服的时候，能够给予贴心的照顾……就像建筑需要更多柱子的支撑才能更稳固一样，我们需要良好的人际关系才能避免陷入窘境。

1. 与世界各地的艺术家以及欣赏的人共振

我喜欢人类的历史、人类的文明、人类的意识演变过程。我无数次站在伟大的艺术作品面前心潮澎湃。我站在米开朗琪罗的《圣殇》《创世纪》面前泪流满面；我站在夏卡尔的画作前像个孩子一样欢欣雀跃；我站在毕加索的画作前感受着那份蓬勃心生喜悦；我站在凡·高的画作前感受着他那份癫狂不禁泪眼婆娑。2015年到2019年年底，我大部分时间都在世界各地看艺术品、了解各地的风土人情。这两年我在国内的旅程比较多，所以我就做当下能做的事情，我见了很多朋友，打造了自己的品牌。与他人共振能让我们获得灵感，让我们汲取他人的优点运用到自己身上。

2. 跟自己喜欢的人交流

我并不是个擅长交流的人，特别不擅长跟人建立关系，我对人很真诚，但不擅长和人过多交流。所以，就需要和喜欢的人在一起做事情，我身边和我一起做事的人都是我喜欢的，我们的相处让我感受到情绪放松，我身边的人也会鼓励我，帮助我做思路的整理、成果的转化，我们带给彼此的影响是积极的。

很多人会享受被需要的感觉。好像被很多人问问题，就觉得自己很重要，很被需要。如果一个人有这样的感受，就会发现有很多人来耗费自己的时间。如果有人来谈一些问题，我们先要弄清楚他是把我们当垃圾桶，还是真的想得到答案。以前经常有人来找我问问题，我都会很认真地回复，后来我发现留给我自己的时间都不够用了，且满满地占据了我的时间轴，导致影响到我的其他安排。我觉知到，这不是对方的错，是我允许大家来向我问问题，因为我认为这样做是正确的。我要想不被占用时间，就得学会拒绝。

我们要非常清楚自己的界限，最重要的是我们根本帮不了对方。但如果对方和我分享开心的事情，或者他取得了什么进步，我也会为他开心，为他点赞、鼓掌、发红包。所以，我生命中收到的永远都是让人开心的好消息。慢慢地我们就会发现身边的人都没问题了。

正如托尼·罗宾斯所说的"富足不是终点，它是一段旅程，一种心态"。请记住，最好的自己一定都是忠于本心表现的那个自己，而不是外界强加的，也不是大众口中所谓"金牛座的人就应该怎样怎样""内向型的人就应该怎样怎样"的刻板印象，更不是出于责任和义务为了满足他人的需求表现出的虚假的自己。

> **· 有效练习 ·**
>
> 1. 写下建立无消耗的生态圈，你下一步的计划是什么？
> 2. 对于建立黄金生态圈的主张是什么？
> 3. 对于建立黄金生态圈的方法是什么？

> 成长，不是一种行为，而是一种生活方式。
>
> 关注公众号"奇迹30"，输入关键词"富足"，走上系统化成长的高速路。

后 记

行文至此,本书也接近尾声。回想整段写作历程,心中涌起难以言表的情感。这本书的每一字每一句,都承载着我内心深处的思考和感悟。

这些年来,从开创"奇迹30"这门课到"凤凰娴珍宝盒",再到自我实现心理学体系的研发和落地,我经历了从破产到富足的身心淬炼与蜕变。

这本书的诞生,正源自我这些年对人生、自我与成长的深刻体验与观察。我期望能够通过文字,帮助大家去面对那些我们共同面临的困惑与挑战,去点亮我们内心的智慧与力量。在创作的过程中,我不断地反思、修正,希望能够以最真实、最贴近人心的笔触,去抚慰每一位读者的内心。

我希望把自己的经验分享给大家,让大家能找到自己的方向,寻找那个能够让我们内心得到安宁与满足的所在。

我想要陪伴着你,走过迷茫的困境,在挫折中不再退缩。当你感到孤独时,你回头看向我,我一直在这里陪着你、爱着你,你从不孤单,因为你有自己的力量,有自己的爱。我希望读完这本书的你能够懂得如何爱自己并接纳自己，坚定自己的信念和追求，希望在这个过程中，你能逐渐变得更加自信，内心充满阳光和希望。

我想要感谢每一位读到这里的你，正是由于你的支持与鼓励，让我有继续前行的动力。我深知每一个读者都是独立的个体，你们有着不同的故事与经历。但我仍然希望，这本书能够帮助你过得更好、更幸福，只要能为你带来一些启示与帮助，我的努力和付出就有了价值。

最后我想说，虽然这本书读完了，但我们的关系并没有结束，我们的探索与成长永远都在路上。愿我们都能在人生的道路上，永远保持轻松，坚定自己，勇往直前，拥抱自己，更加美好的未来在前方等你。